能源开发区生态补偿研究

——以榆林市为例

NENGYUAN KAIFAQU SHENGTAI BUCHANG YANJIU
YI YULINSHI WEILI

文　琦　马彩虹　丁金梅　著

人 民 出 版 社

前　　言

随着国际能源贸易摩擦日益升级和我国能源战略西移，陕甘宁蒙能源“金三角”作为我国重要的能源战略储备和接替区，已成为我国“西电东送”、“西气东输”的重要基地。榆林市作为陕甘宁蒙能源“金三角”的核心地区，区域内各类能源矿产资源组合配置好，是名副其实的矿产资源富集区。然而，该地区又是典型的生态环境脆弱、农村经济贫困的复合地区。近年来，大规模矿产资源开发引发的地表塌陷、地下水位下降、土地退化、环境污染等生态环境问题不仅成为区域可持续发展的重要制约因素，也造成农户间接成本增加。生态补偿项目实施的实质就是通过一定的政策、经济手段实现生态保护外部性的内部化，对当地农户最为直接的影响就是实际耕地面积减少及生产方式转变，直接影响到农户的生计资本，进而影响到农户的生计策略。这种影响不仅关系到生态补偿项目可持续性，更关系到社会公平性。

从本书的研究内容及文章结构来看，绪论主要对研究背景、研究意义、研究内容、研究方法与技术路线进行了总体阐述。第一章在对农户生计、生态补偿概念界定基础上借鉴外部性、公共物品理论与可持续生计理论，梳理了相关国内国外研究进展。第二章介绍榆林市的基本概况，主要包括自然、经济、社会发展态势，重点介绍榆林市环境状况与生态补偿政策实施情况。第三章至第五章，分析能源开发对农户生计资本、生计策略的影响。第六章至第八章从农户生计资本变化、生计策略变化和农户对生态补偿的感知等方面，分析生态补偿对农户生计的影响。第九章至第十章探讨能源开发区生态补偿机制和模式。

本书受国家自然科学基金项目“陕甘宁蒙能源富集区产业同构及跨区域

协同发展研究资助(41661042)”资助研究与出版。

本书由文琦教授全面负责统稿,马彩虹教授负责部分文稿的撰写和空间图件编制,丁金梅副教授负责部分文稿的撰写与修改,焦旭娇、李霞、王鹏等研究生参与了部分工作,在此一并表示感谢。

限于作者水平,书中难免有不妥之处,敬请读者不吝指教。

作　者

2020 年 5 月

目　　录

绪　论

一、研究背景

近年来,我国经济快速发展,能源需求大幅增加,能源安全成为我国社会经济发展的全局性、战略性保障重点。伴随着我国在能源开发与使用方面效率的不断提升,能源开发对区域经济的贡献十分显著,但同时也造成区域生态环境的破坏。目前来看,我国工业化发展逐渐形成了重化工业发展格局,经济的高速发展对于能源的需求越来越大,作为全球范围内以煤炭资源为基本能源的国家,煤炭资源在我国能源的生产与消费结构中所占据的主导地位在较长时期内不会改变(文琦等,2014)。但是需要注意的是,我国在资源开发使用方面长期以来都是以粗放型模式为主,久而久之,在促进了地方经济快速发展的同时也严重地损害了当地的生态系统,造成了一系列环境问题,比如土地沙漠化、大量的大气污染、土壤污染、水土流失、粉尘肆虐以及地下水位下降等;生态环境负效应对农村经济发展、农户生存环境产生了不利影响,农户生计面临严峻挑战。

自20世纪八九十年代国家推行"强化东部,战略西移"的煤炭资源开发战略以来,陕甘宁蒙能源"金三角"不仅是国家能源基地战略中心,同时也成为"西气东输,西电东送,西煤东运,北煤南调"的重要基地;在之后的"十二五"能源发展战略规划中更是将陕甘宁蒙能源"金三角"定位为国家能源安全保障区。榆林市矿产资源丰富,特别是煤炭、石油、天然气和岩盐等能源资源丰富且配置良好,不仅是陕甘宁蒙能源"金三角"核心地区,也成为国家重点能源化工基地。矿产资源大规模开发有力地拉动了榆林市区域经济增长,但其脆弱的生态系统与长期人类活动的干扰相叠加，造成区域水土流失、生态环境急剧恶化等问题，且没有得到一定的恢复和弥补（赵康杰，2012）。从榆林市能源开发现状来看，资源开采区通常都是农村地区，近年来，大规模矿产资源开发引发的地表塌陷、地下水位下降、土地退化、固体废弃物堆积、环境污染等一系列生态环境问题不仅成为区域可持续发展的重要制约因素，还严重威胁到了农村居民的生产环境以及农村经济的发展环境，农户的生计也受到了极大限制（文琦，2009）。例如，能源开发使得土地塌陷、土壤盐渍化现象严重，不仅使耕地生态系统受到严重威胁，还影响耕地质量，使得粮食减产现象频发，严重影响了农民的正常生活。此外，能源开发造成的房屋倒塌、地下水位下降，迫使农户进行移民搬迁，影响到了农村居民的生产生活及生计可持续发展。因此，建立健全生态补偿机制、确保生态修复高效、以较小的环境代价获得较快经济发展、提高农户生计水平、促进农户生计可持续发展，是新时代促进人地和谐、统筹城乡发展、确保能源开发区可持续发展的关键环节。

二、研究意义

（一）理论意义

生态补偿的根本意义在于促进生态的可持续发展，实现人地和谐共同发展。生态补偿本质是以发展机会成本、生态系统服务价值以及生态保护成本等相关理论为基础，采取一切可行的行政措施、市场措施来调节经济发展，使得经济发展与生态环境保护相协调的环境管理政策（张思锋等，2012）。将生态补偿概念引用到能源开发区，就是为了治理、校正或者回复因为资源过度开发使用而导致区域自然资源受到大规模破坏，当地环境受到严重污染，城市可持续发展受到严重阻碍而提出的一系列优惠政策的活动总称（蔡绍洪等，2008），矿产资源生态补偿项目已经纳入了国家“十二五”规划。生态补偿是近些年才提出的一种全新的管理制度，是当前政府和学者广泛关注的热点问题（张伟等，2010）。科学的能源开发区生态补偿机制，对于保持矿区生态系统稳定、协调矿区人地关系、推进区域协调发展、加快农村脱贫致富、实现区域可持续发展具有重要的现实意义。

（二）实践意义

生态补偿是能源开发区解决环境问题的有效途径。榆林市位于陕甘宁蒙能源“金三角”核心地带，境内煤炭等能源资源丰富，已探明储量达百亿吨，是神华神东煤炭集团的主采区。依托区内丰富的能源资源，自 1998 年榆林市获批成为全国第一个国家级能源化工基地以来，当地的经济有了较快发展，各项事业都走在能源区前列。能源资源开发在为我国经济发展做出巨大贡献的同时，也对当地的生态环境造成剧烈干扰，主要为地面沉降、土壤污染、水土流失、固体废弃物堆积、瓦斯排放等问题。因此，当前首要的任务就是尽快开发出一种科学合理的对策，加大保护能源开发区生态系统的力度，修复受损的生态功能，生态补偿措施一方面可以解决当地的环境问题，另一方面还可以将外在的、非市场环境价值转化，为当地参与者提供生态服务。

生态补偿对农户生计的影响关系到项目的成效及可持续性。人类社会经济发展与生态环境之间的矛盾日益显现，过度开发对生态环境造成了极大的损害，这种损害严重威胁到了人们的日常生活与生产行为。通过生态补偿机制，可以将外在的、非市场环境价值转化为当地参与者提供生态服务的财政激励措施，因而受到了全社会的认可与重视。农户在提供生态系统服务的同时也是参与生态补偿项目的主体，而生态系统问题是自然、政策、制度以及市场等因素共同造成的局面，在这样的风险性环境中农户具备的生计资本和他们的生计策略除了会影响到他们的生存发展之外，还会对生态系统服务供给以及生态补偿效率造成一定的影响。根据相关研究结果显示，生态补偿策略的实施会促使农业劳动力向其他产业转移，农户参与生态补偿之后收入结构和成本结构也发生了不同程度的变化，生计资本存量和生计可持续力都得到明显提高。因此，生态补偿作为改善生态环境的政策工具，对农户生计发展的影响不仅关系到项目可持续性，更关系到社会公平性。除此之外，近年来我国能源开发对环境污染的程度越来越严重，生态环境受到了极大的破坏，这些问题对能源开发区经济乃至于社会发展都造成了巨大的负面作用，如何在能源资源开发的同时增加农户收入，促进农户生计可持续发展成为区域生态补偿急需解决的难题。

三、研究内容

本书以相关理论及现有研究成果为依托，全面考虑农户的可持续生计框架及能源开发区的自然生态因素、农户的生产生活方式等特征，建立了相应的生计资本指标体系，通过科学合理的数据处理与模型构建，研究能源开发区生态补偿对农户生计的影响效应。从研究主题内容来看，包括以下研究内容。

（一）能源开发区农户生计资本和生计策略分析

能源开发可以使资源有效地转化为能够满足社会需要的各种服务和产品，促进区域经济社会发展，但也引发了系列环境问题，对生态环境造成了严重影响干扰，是实施生态补偿的主导因素之一。基于可持续生计理论，对能源开发区农户生计资本、生计策略进行评价与分析。

（二）能源开发区生态补偿对农户生计的影响

从农户视角出发，借鉴国内外学者对生计资本量化研究成果，测算并定量分析生态补偿项目实施对农户生计资本的影响。运用定性与定量相结合的方法分析研究区不同类型、不同地区农户生计策略现状及差异性，并从生态补偿因素、自然、金融、社会等各项生计资本出发，进一步分析生态补偿对农户生计策略的影响。基于典型样本区的跟踪试验研究，利用样本区、样本农户实地调研数据进行多元线性回归模型与二项 Logistic 回归模型处理分析，评价不同生态补偿方式对农户生计的影响。在此基础上深入研究探讨农户对生态补偿的感知与响应。

（三）能源开发区生态补偿机制与补偿模式研究

农户为生态系统提供服务，更是生态补偿工程的主要参与者，研究生态补偿对其生计资本效应作用对生态补偿项目的成效和项目的可持续性有重要意义。本书对能源开发区生态补偿的博弈探讨，探究能源开发的生态补偿机制；基于农户视角，探讨生态补偿模式，期望能够为生态补偿相关政策的制定、补偿措施的推行提供一定理论依据。

四、研究方法与技术路线

(一)研究方法

1. 文献资料法

采用文献资料法,总结已有的研究成果,为本书的研究做好充分的准备。整理现有的研究成果,包括生态补偿政策及相关调研材料、榆林市生态补偿实施情况相关材料。阅读生态补偿方面的相关材料,包括近期有生态补偿的系列政策文件、学者研究成果、调研报告,总结现存的生态补偿过程中农户面临的生计问题及生计风险。

2. 专家咨询决策

农户可持续生计是一个复杂系统,在现有研究成果的基础上,需要通过咨询相关领域学者专家、研究区相关部门决策人及农户代表等,并结合研究区实际情况对研究框架、指标进行合理调整筛选,构建能源开发区农户生计资本指标体系。

3. 实地调研分析

对研究区域进行多次实地考察和入户调查,确定选取榆林市境内能源资源丰富的府谷县、神木市①、榆阳区、横山区、靖边县、定边县北部六县(区、市)为研究区域。本次调研内容主要包括受访农户的家庭基本信息、家庭收支状况、能源开发造成的家庭及生态环境影响、生态补偿实施情况、生态补偿影响、农户的主观满意度、农户对生态补偿感知参与情况、农户对生态补偿评价及意见建议等内容。问卷设计采用封闭式问题和开放式问题相结合的形式,便于获取可以进行统计研究的数据,以此为基础测算评价农户生计资本情况,分析生态补偿参与情况、补偿金额及生态补偿方式对农户生计的影响作用。

4. 统计分析和模型方法

基于典型地区调查数据,借助 SPSS 20.0、ArcGIS 10.2、Eviews 7.0 等软件,运用专家咨询决策法、Logistic 回归模型分析、多元线性回归模型等方法定

---

① 2017 年 4 月 10 日,经国务院批准,撤销神木县,设立县级神木市。笔者调研时为神木县,本书统一表述为神木市。但涉及文件名称时,保留为神木县。

量评估农户生计现状,分析生态补偿对农户生计资本及生计策略影响。评价生态补偿方式对农户生计的影响作用,在此基础上探讨农户对生态补偿的感知及响应,并根据生态补偿过程中存在的问题提出相应的对策建议,期望为制定符合各阶层人群需求的补偿政策、措施提供一定的理论依据。

(二)技术路线

技术路线如图1所示。

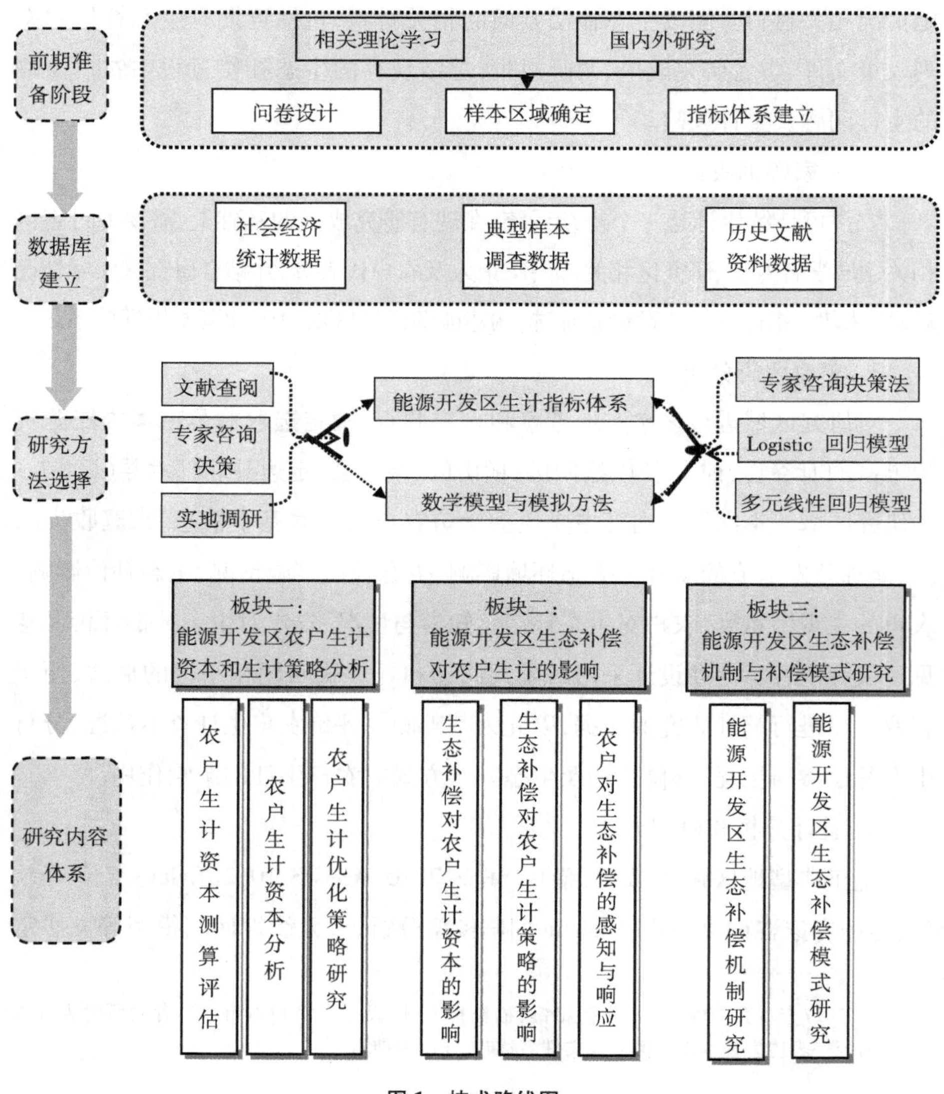

图1 技术路线图

五、数据来源

（一）榆林市数据来源及样本区特征

本书第六章、第七章、第八章以榆林市北部区县的调研数据为基础进行研究。

1. 数据来源

2016 年 9 月对榆林市展开深入调研工作，选取榆林市境内能源资源丰富的府谷县、神木市、榆阳区、横山区、靖边县、定边县北部六县（区、市）为研究区域（见图 2），在麻黄梁镇、金鸡滩镇、店塔镇、大保当镇、新民镇等 12 个乡镇的 24 个行政村采用参与性农村评估方法（Participatory Rural Appraisal，PRA）对普通农户进行问卷调查。共计 305 个农户样本，经过后期回收整理统计后获得农户生计评估数据，其中有效问卷 302 份，有效率为 99.02%，数量符合统

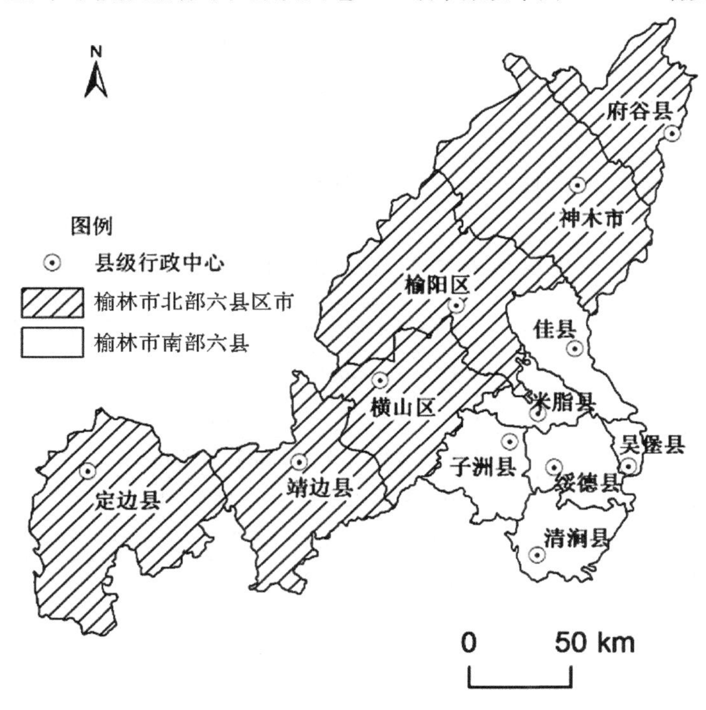

图 2　榆林市县级行政区划

计分析的要求；以调查所获取的数据为基础，运用 SPSS 对整个问卷的所有项目进行信度分析，问卷分析的克朗巴哈系数（Cronbach's α）为 0.901>0.8，利用标准化后的数据进行信度分析的克朗巴哈系数（Cronbach's α）为 0.913>0.8，问卷设计量表中各项变量的克朗巴哈系数都在 0.8 以上，说明调查问卷能从整体上有效地测度事先想要搜集的资料信息，此次问卷数据是有效和可信的，能够满足统计分析的需要。

2. 样本区基本特征

调研内容主要包括受访农户的家庭基本信息、家庭收支状况、能源开发造成的家庭及生态环境影响、生态补偿实施情况、生态补偿对农户影响、农户的感知及主观满意度、农户对生态补偿参与情况、农户对生态补偿方式的选择情况和农户对生态补偿实施意见建议等内容，问卷设计采用封闭式问题和开放式问题相结合的形式，便于获取可以进行统计研究的数据，以此为基础对农户在生态补偿工程实施后的生计现状进行深入分析。文中所用到的其他宏观经济数据来源于《榆林统计年鉴》、《榆林市国民经济和社会发展统计公报》等。

2017 年，研究区六县（区、市）的社会经济基本特征见表 1。

表 1　样本区域社会经济基本特征①

特　征	榆阳区	神木市	府谷县	横山区	靖边县	定边县
国土面积/km^2	6796.5	7480.7	3201.8	4299.1	4974.6	6821.3
全县常住人口/万人	66.20	47.12	26.89	31.25	37.73	33.37
各县生产总值/亿元	698.47	1110.33	485.63	154.46	303.91	255.32
农林牧渔业产值比重/%	7.33	2.18	2.42	18.57	13.59	14.22
在岗职工人数/人	101546	101779	63335	25473	40595	26099
农村居民人均可支配收入/元	12902	13918	12539	11501	12899	12885
城镇居民人均可支配收入/元	33734	32784	32716	30187	34114	33263

① 注：数据来源于 2018 年《榆林统计年鉴》。

截至 2017 年，六县（区、市）在自然环境、经济生产、社会生活等方面均存在一定差异性：在国土面积方面，神木市面积最大，占全市总面积的 17.52%；其次是榆阳区和定边县，所占比重分别为 16.18%、15.88%；府谷县面积最小，仅占 7.37%。在人口方面，榆阳区常住人口和在岗职工人数均比较多，分别达 66.20 万人、101546 人；其次是神木市，常住人口和在岗职工人数分别为 47.12 万人、101779 人；横山区和定边县常住人口较多，但是在岗职工人数较少，分别为 25473 人、26099 人；府谷县常住人口有 26.89 人，在六县（区、市）中最少，但是其在岗职工人数达 63335 人，在六县（区、市）中排名第三。说明北部各县依托丰富的矿产资源进行能源开发，促进区域经济快速发展，也为当地农户提供就业机会，很大程度上解决了一部分农户的就业问题。在经济生产方面，神木市生产总值最高，为 1110.33 亿元，其中农林牧渔业产值比重仅为 2.18%，在六县（区、市）中最小；其次是府谷县，生产总值为 485.63 亿元，而农林牧渔业产值比重只占 2.42%；横山区生产总值在六县（区、市）中最少，为 154.46 亿元，但是其农林牧渔业产值比重最大，为 18.57%；说明与神木市、府谷县相比，横山区和靖边县生产结构总体以传统农业生产为主，对农业依赖性较大。在社会生活方面，神木市整体收入水平最高，农村和城镇居民人均可支配收入分别达 13918 元、32784 元；其次是府谷县和靖边县，农村居民人均可支配收入分别为 12539 元、12899 元，城镇居民人均可支配收入分别为 32716 元、34114 元；横山区与其他县相比整体收入水平较低且城乡内部差异较大，农村居民人均可支配收入和城镇居民人均可支配收入分别为 11501 元、30187 元。

3. 农户基本特征

榆林市作为能源开发的典型城市，研究其生态补偿对农户影响问题能够探究能源开发区持续性发展，通过问卷调查深入分析榆林市生态补偿对农户生计影响情况。结果显示，在 302 份有效农户样本中，农户参与生态补偿的有 247 户，占 81.79%；参与的生态补偿主体以政府、当地企业、企业与政府相结合为主，生态补偿方式主要包括现金补偿、政策补偿、物质补偿、技术补偿。

农户具体情况见表 2。

表 2 样本农户特征

农户特征	描 述	频数(户)	比例(%)
户主年龄	30 岁及以下	11	3. 64
	31—40 岁	34	11. 26
	41—50 岁	56	18. 54
	51—60 岁	125	41. 39
	60 岁及以上	76	25. 17
户主受教育程度	小学及以下	151	50
	初中	104	34. 44
	高中	35	11. 59
	大专及以上	12	3. 97
户主职业	务农	140	46. 36
	务工	100	33. 11
	个体户	62	20. 53

参加问卷调查的农户男女比例为 56. 87 : 43. 13。从户主年龄情况来看:集中程度最高的年龄层次是 51—60 岁,占样本总量的 41. 39%;其次是 60 岁及以上,占样本总量的 25. 17%;户主年龄在 41—50 岁和 31—40 岁年龄层的农户所占比重分别为 18. 54%、11. 26%;户主年龄层次在 30 岁及以下的农户所占比重最小,只有 3. 64%。从户主受教育程度分布情况来看:户主文化程度集中在小学及以下水平,所占比重高达 50%;其次是初中,有 104 户,所占比重为 34. 44%;高中文化程度所占比重为 11. 59%;大专及以上文化程度的最少,只有 12 户,占比 3. 97%。从户主所从事职业来看:大部分以务农为主,有 140 户,所占比重达 46. 36%;其次是外出务工,所占比重为 33. 11%;家庭个体户最少,占样本总量的 20. 53%。

(二)神木市数据来源及调研路线

本书第三章、第四章、第五章以及第十章以神木市为案例区进行研究。

根据南北煤炭资源的禀赋差异、农户对煤炭资源产业的依赖度等实际情况，将神木市分为北部和南部地区进行研究。研究选择的北部地区包括大柳塔、中鸡、店塔、麻家塔、锦界、神木六个乡镇或办事处，南部地区包括解家堡、高家堡、太和寨、乔岔滩、花石崖、贺家川六个乡镇或办事处。本部分数据来源于大柳塔、麻家塔、店塔、高家堡、中鸡、沙峁、贺家川、大保当、解家堡、太和寨、孙家岔等乡镇或办事处，以家庭为单位对农户进行了问卷调查，调查路线和区域详见图 3。①

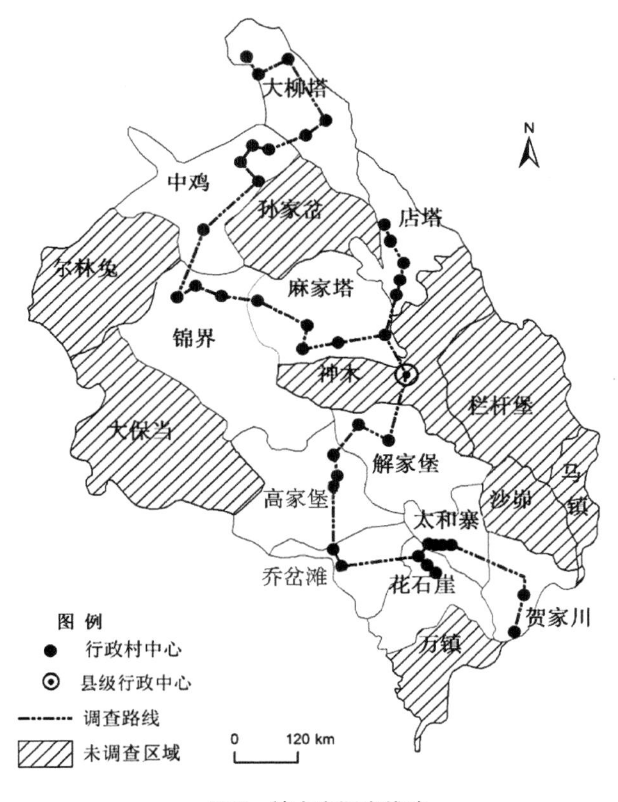

图 3　神木市调查线路

按照随机性原则共走访了 200 户人家，包括大柳塔 27 户、店塔 14 户、解家

① 笔者从 2006 年开始研究榆林市能源开发相关问题，2010 年以来持续对神木市深入跟踪研究，2011 年行政区划调整后，为了便于与 2011 年以前的数据进行对比，笔者将 2011 年撤销的解家堡乡、麻家塔乡、太和寨乡、乔岔滩乡仍以办事处作为独立的行政单元来研究。

堡17户、麻家塔21户、孙家岔15户、中鸡21户、沙峁14户、贺家川19户、大保当10户、太和寨18户、高家堡24户。在选择地点时，考虑样本点与中心城区的距离远近、煤炭富集程度等区位因素，结合受访农户户主年龄、受教育程度、家庭人口规模等家庭基本信息和交通便利度、职业，以及家庭年收入、能源收入占家庭年收入比例等经济因素进行问卷发放，最终收回有效问卷192份，有效率为96%。

第一章　理论基础与研究动态

第一节　农户可持续生计

一、农户可持续生计的理论基础

20 世纪 80 年代末,随着对贫困问题的深入研究,可持续生计应运而生(何仁伟等,2013)。可持续生计思想,最早是由 Chambers 提出的。Chambers(1989)不仅对贫困人口的收入进行研究,还对导致贫困的深层次原因进行了探讨,例如生计发展的限制条件、发展实力和机会的贫困等。随着可持续生计研究的不断深入,Chambers 等(1991)对其进行了概念界定,即生计是谋生的方式,这种谋生方式是建立在资产、能力和生计活动基础之上的。这个定义强调了人们在追求生存所需的收入水平的过程当中,自己的资产和生计策略之间的关系,应该更多地关注和探求一种可持续的生计。基于研究目的不同,有的学者从系统角度来定义生计,指出生计应包含环境、地点、输入、中介、产出、目的、活动和质量八个部分(蔡进,2014)。Singh 等(2003)认为,生计系统的基础是一定的物质和经济策略,通过谋生行为实现生计策略,这种定义主要强调谋生和生计行动。Scoones(1998)认为生计由生活所需要的能力、有形和无形资产以及活动组成,强调生计的完整性。以上学者将生计与谋生结合了起来,指出了生计包含资源、能力和行动三种要素。目前 Chambers 等(1991)对生计的定义得到了学术界的认可。

农户生计,是指农户维持生活的办法,农户的能力、拥有资产、生产活动及所处的环境是农户维持生活的基础。农户家庭运用所拥有的生计资产(如:

土地、房屋、劳动力、资金和社会关系等），根据所处的外部环境，采取相应的生计策略与活动，抵御自然、经济、社会等各种风险，从而获得更多的资产来提高农户谋生能力、改善生活状况并维持生计，使农户生计可持续发展。

（一）可持续生计的缘起

世界环境与发展委员会在当时的报告中指出，可持续生计就是个人或者家庭为了提升生活质量、为了具备生产的能力或资产而实施的活动（张丽，2012；李庄园等，2011）。“可持续生计”是世界各地学者总结多年经验后以参与式理念为基础开发的理论框架，最早于 20 世纪 80 年代末由世界环境与发展委员会在报告中提出（崔功豪等，2006）。1992 年，联合国环境与发展大会在行动议程中再次引入这一概念，将其引入行动议程，认为稳定的生计是消除贫困的主要目标。1995 年，哥本哈根社会发展世界峰会进一步强调了可持续生计对于减贫政策和发展计划的重要意义（赵靖伟，2014）。Singh 等（2003）分析认为在满足人们日常生活中所需要的足够食物和现金的基础上，并且要不断提高生产力而保障财产、资源以及现金的获得和充足的储备量，但是，在利用这些资源创造财富时，不能妨碍他人的任何谋生资源或者方式，这种具有稳定的生计就是可持续生计。Scoones（1998）将生计定义为资产以及获取资产的活动及其所需要的各种能力的组合，它具有应对外来风险和冲击或者应对自然灾害的能力，即使受到冲击也会很容易恢复过来，并且能够维持资产的拥有量，这种生计方式具有可持续性。可持续生计理论不仅能使贫困得到有效缓解，而且使自然资源持续利用、生态环境得到保护。

（二）可持续生计分析框架

伴随着生计研究的进一步深入，有学者在分析农户生计脆弱性原因的基础上提出了多种生计分析框架，并在全世界的扶贫项目和生计评估中得到不断完善并日趋成熟（马晓倩，2014；黄建伟，2011）。典型的可持续生计框架有：Scoones（1998）总结的可持续生计分析框架，Bebbington（1999）建立的以资本和能力为中心分析农户脆弱性和贫困的框架，国际救助贫困组织（Cooperative for Assistance and Relief Everywhere，CARE）的以家庭为对象的生计安全框架与英国国际发展署（Department for International Development，DFID）

提出的可持续生计分析框架(苏芳等,2009)。目前,使用最多的是DFID在《可持续生计指南》中提出的可持续生计分析框架。DFID对可持续生计的定义是:生计包含了人们为了谋生所需要的能力、资产(包括物质和社会资源)以及所从事的活动。只有当一种生计能够应对并在压力和打击下得到恢复;能够在当前和未来保持乃至加强其能力和资产,同时又不损坏自然资源基础,这种生计才是可持续性的(DFID,2000)。遵循的原则有:以人为中心原则;响应和参与原则;增强能力(财富)和脆弱性处理能力原则;整体性原则;多层次原则;多方合作原则;可持续性原则;动态性原则。主要由脆弱性背景、生计资本、结构和制度的转变、生计策略、生计输出5个部分组成,这些组成成分以复杂的方式互相作用。可持续生计分析框架是在脆弱性的背景中,农户运用资本进行谋生活动,所采取的生计策略导致了某种生计结果,生计结果又影响资本。

可持续生计分析框架是帮助人们认识生计,特别是穷人的生计状况的一个工具,它是对与农户生计、特别是贫困问题有关的复杂因素进行分析的一种方法。目前,使用较多的可持续生计分析框架主要有联合国开发计划署(United Nations Development Programme, UNDP)的可持续生计分析框架和DFID的可持续生计分析框架。

UNDP的可持续生计分析框架强调的是外部环境和干预对可持续生计的影响,可持续生计是发展的目标,而不是发展的起点和路径。为此,UNDP还建立了一整套的指标体系来监测生计的可持续性和安全性,这些指标包括:

(1)可持续生计政策和规划所投入的资源;

(2)来自可持续生计政策和规划的实物产品与服务的产出;

(3)上述产出被享用的程度;

(4)人们生活得到改善的程度;

(5)利用投入以获得上述产出、成果和影响的路径。

二、农户可持续生计研究现状

(一)可持续生计框架构建

纳列什·辛格和乔纳森·吉尔曼(2000)在《让生计可持续》中深入探究

了“可持续生计”概念的延伸,同时他们还重点介绍了这一概念在当时的政策发展与规划中取得的成效与进步。为了能够更有效地应用可持续生计概念,许多学者都提出了相应的生计分析框架:例如DFID框架、CARE框架(国际非政府组织)(Drinkwater et al.,2000)、UNDP的可持续生计分析框架以及Scoones(1998)的可持续生计分析框架,Ellis(1998)根据上述生计框架提出了生计多样化分析框架,Bebbington(1999)则根据能力和资本提出了一个用来深入分析农户脆弱性以及农村生计和贫困的全新生计框架,Khanya与Tanga则提出了可持续生计框架等(张丽,2012;Bebbington,1999)。在这些框架之中,尤属生计框架与DFID框架较为人们认可且被广泛应用。DFID框架中,围绕着人类这一中心研究揭示了影响人类生计的主要因素,并分析了这些因素之间存在的互相典型关系;通过该框架模型,我们可以制定一些改善农户生计的科学方法,例如为农户提供高质量的教育,使他们能够掌握到新的技术与信息,有更多的发展机会等。UNDP的可持续生计分析框架则是为了实现整体发展的一种观念,框架中提供了许多关于生计安全监督的指标:成果、投入、过程、产出以及影响等;该框架的中心思想是,人们应该清楚地认识到他们当前所处的环境,并营造出一个有助于人们发挥自身能力的环境,实现可持续发展。

国际上,20世纪80年代,生计研究主要从微观经济学视角,以家庭为研究单位理解农户劳动、土地分配和收入策略。生存策略是当时的研究重点,强调外界干扰对人们逐渐被边缘化的影响(Chambers,1989)。到了20世纪90年代,有学者研究,在脆弱背景下,人们的生存活动及如何消除贫困政策带来的影响。现代生计研究开始于1991年,重点关注弱势群体,通过研究家庭的生计策略、抵御风险行为从而了解低收入人群的行为。脆弱性是一种承受灾害和损失的潜能,是贫困的重要特征(Chambers et al.,1991)。Gilman(2000)认为生计资产的量化分析对于研究农户的生计脆弱性、生计策略以及了解农户的生计现状都具有重要意义,不同的资产组合可达到不同的生计结果。有学者提倡在满足人类自身需求的同时保护自然环境,二者相互作用,目的一致(Sen,1976)。特别是当贫困化地区农业依赖度降低时,贫困人群如何维持生计(Barrow et al.,2000)。Ellis(2000;1998)和 Block(2001)认为生计多样化是可持续生计的目标之一,有利于风险的分散,减少农户的脆弱性,保障食物安全,增加资本的积累。进入 21 世纪以来,对生计的研究视角有所拓展。有学者提出在科技日新月异的今天,如何兼顾下一代人的生计是急需解决的科学问题。一些学者研究非物质福利在可持续生计中的作用(Singh et al.,2010)。有的学者以某一国家为例,详细论述可持续生计内容(Augustine,2014;Prem,2013)。随着生计研究领域不断扩展,国外学者对农户生计进行了大量的研究,如生计多样化、生计脆弱性、生计安全、农户生计与扶贫、能源消费与农户生计、土地利用与农户生计等。

(二)农户生计资产研究

李赞红等(2014)将农户划分为基本型、自然资产型、人力资产型,不同类型农户撂荒的原因各不相同,但野生动物影响和人均耕地面积是农户撂荒的共同原因。在灌溉改革地区,赵立娟(2014)研究发现当地农户生计资本状况比没有实行灌溉管理农户的生计资本略高。陈卓等(2014)认为集体林区农户生计资本的不同造成了收入的差异。郝文渊等(2014)以西藏林芝为研究区域,分析了农牧民的生计资本与生计策略之间的相互关系。道日娜(2014)则以内蒙古为例,分析农牧交错带农户生计资本与生计策略关系。梁流涛等(2013)利用 2000—2009 年全国农户调查数据,定量分析生计资本对土地利用效率的影响作用。赵雪雁(2011)定量分析农户生计资本状况,发现甘南高原农户的生计资产存在着空间异质性,利用 Logistic 回归模型探讨农户生计资本对其生活满意度的影响。蒙吉军等(2013)提出了农牧民生计策略优化途径及相应的政策建议。蔡志海(2010)以汶川地震灾区贫困农户为研究对象,对生计资本进行了分析研究。王利平等(2012)从农户生计资本空间结构与对市场、政策等的响应两方面考虑,对农户分化方式进行研究。

(三)农户生计脆弱性分析

农户生计的脆弱性研究主要包括农户生计风险、农户抵御生计风险的能力和农户对生计风险适应性三个方面。农户生计风险主要分析脆弱性环境给农户带来的风险冲击,以及当前脆弱性和未来面临潜在脆弱性来自哪种风险,对农户生计的影响及其应对策略。导致农户生计脆弱性的风险主要有自然灾害、环境危机、经济波动、政策改变、疾病、失业、突发事故等(何仁伟等,2013)。于萨日娜等(2011)认为,农户利用生活中的经验、风险规避的行为是理性的且风险化解与处理的策略在小规模内是即时、有效的,但并非长远之计。马世铭等(2014)运用生计透镜方法,分析贫困与气候变化之间的影响作用。赵锋等(2014)对农户的生计资本脆弱性感知度进行了分析研究,刘进等(2012)进行了空间模拟分析。谷雨等(2013)以重庆为研究区域,发现纯农户的生计脆弱性程度最高,外出务工农户次之,非农户最低;另外,纯农户生计脆弱的原因是养老保障的缺乏与当地农业发展落后,而外出务工对外出务工农户生计脆弱性存在正面和负面影响。许汉石等(2012)以生计资本为视角,分析农户的生计风险状况、生计资本对生计风险的影响作用等问题。有的学者从生计资本的角度对农户抵御风险的能力进行了分析。苏芳等(2012)发现人力和金融资本是影响农户风险应对策略最重要的资本,物质资本和社会资本次之,自然资本是最不显著的因素。农户对生计风险适应性是指农户应对风险和降低脆弱性的能力。生计风险适应可分为自适应和计划性适应两类。阎建忠等(2009)对青藏高原农牧民生计脆弱性进行实证研究,认为农牧民的生计脆弱性源于环境恶劣、生计资本缺乏和适应能力降低。王晨等(2014)认为维护道路沿线居民的生计,需从风险管理外部条件需要与内在风险链管理两个层面着手。

(四)农户生计策略研究

王琦(2012)分析了农户生计策略对宏观经济变迁的适应过程,并提出了生计可持续优化策略。任幼娴(2014)发现采矿业发展导致生计资本发生变化的过程中,农户对健康方面的响应较消极。赵雪雁等(2014)在对甘南高原农户生计进行评价过程中,发现生计非农化和农业集约化是当地农户生计策略变化的主要趋势。

生计多样化研究主要集中于生计多样化、生计多样化与土地利用的关系、生计多样化与农村居民点整合的关系、政策对农户生计影响、农户生计与生态环境的相互关系以及农户后顾生计研究等方面。黎洁等(2009)认为,与农业户相比较，兼业户的生计资本更好，生计活动多样化，其抵御风险的能力更强，对自然环境的依赖也更弱。农户生计多样化水平会在一定程度上影响农户能源消费的多样性水平（李鑫，2014）。李翠珍等（2012）研究了北京市郊区农户生计多样化及其对土地利用的影响作用。花晓波等（2013）通过县域与农户的实证研究，发现受自然地理环境的胁迫、小规模农业经营以及农业生产条件恶劣等综合因素的影响，农户的生计呈现多样化。卓仁贵等（2010）以三峡库区为例，进行农户生计多样化与土地利用的研究。周婧等（2010）从微观尺度定量分析农户兼业行为与居民点用地形态变化的相互关系。陈秧分等（2012）根据农户生计特点，将县城分为四种类型，提出不同类型区域农村居民点土地整改的政策建议。王成等（2011）根据农户的生计资本状况进行农户划分，分析不同农户的后顾生计来源，为我国农村居民点整合提供一定的参考依据。还有的学者认为农户生计资本影响其生计策略的选择（苏芳等，2009）。汤青等（2013）以黄土高原为例，基于主体功能区的战略要求，从农户可持续生计效益出发提出农户未来生计策略：推进新型城镇化发展，促进农地流转，拓展生计策略，提高农户非农生计可持续性。

（五）政策对农户生计影响研究

生态保护政策措施对生计的影响是生计研究的重点。退耕还林、退旱还稻、禁牧等生态保护政策，不仅对生态治理和环境修复有重要作用，同时影响着当地农户的生计（何仁伟等，2013）。李文辉（2014）指出退耕还林进程中，政府政策不合理及其职能不到位使得退耕户经济发展落后，甚至影响到生计可持续发展。储博程（2010）分析水源保护政策对当地农户生计的影响，提出相应的农业发展模式。王诗琪（2014）研究了环境变化和政策的实施对民勤当地农户的生产、生活带来的影响。谢旭轩等（2010）通过分析退耕还林对农户可持续生计的影响，主张退耕还林政策需要关注农户资产和生计能力的加强问题。苏芳等（2013）通过研究农户参与生态补偿的行为，探讨了农户生计策略对于生态补偿的响应机制。赵雪雁等（2013）以甘南黄河水源补给区为研究区域，调查了退牧还草工程前后农户生计资本及生计方式的变化，提出应建立多样化、差别化的补偿方式，从而提高农户的可持续生计能力。张佰林等

(2013)认为生计是影响农户转户退耕决策的关键因素,基于户籍制度改革和可持续生计视角,提出了理性政府行为的三大对策。

(六)农户生计与生态环境的相互关系研究

不同谋生方式的农户对生态环境的影响方式和程度差异较大,苏磊等(2011)认为应协调不同生计方式农户与生态建设的关系,实现农村生态的改善与保护。部分学者对农户生计和生态环境二者间的相互关系进行了深层次研究,为生态重建提供了科学依据。阎建忠等(2006)以大渡河为例,探讨了不同地带的农户对生态环境退化的感知和响应。苏冰涛等(2014)建议政府应增强对"生态贫民"的赔偿与补偿力度,从"生态贫民"的可持续生计潜力与生计资本出发,构建符合实际的生计转变范式,推动"生态贫民"实现脱贫致富。卞莹莹(2014)研究农牧交错带不同生计方式农户对生态环境的感知和适应,发现随着生态建设效果显现和非农业化带来的经济能力增强,农户对生态环境的依赖性和关注度逐渐降低,适应能力有所增强。

(七)农户后顾生计

识别农户后顾生计来源,可为城乡统筹发展提供现实依据。傅利平等(2014)从生计资本、生计风险、生计策略及未来发展意愿等方面构建农户后顾生计来源指标体系,将农户分为农业产业化发展型、农业规模化发展型、非农多样化发展型、兼业化发展型和农业多样化发展型等 5 个类型。农户后顾生计来源 Agent 决策模型能准确定量表达政策、市场、农户自身及与其他农户相互作用等因素对农户后顾生计来源决策的影响并对其予以识别(王成等,2014)。费智慧等(2013)认为在整村推进中既要考虑农村新居综合条件对农户的吸引容纳能力,又需考虑不同后顾生计来源的农户对农村新居的愿景。

(八)其他方面

随着可持续生计的发展,农户生计研究范围扩大,学者对生计发展模式、发展水平、生计安全、替代生计、失地农民生计、农民工生计等都有所涉猎。何仁伟(2014)通过对凉山州山区聚落农户可持续生计发展水平和空间差异的评价,分析影响区域差异的主要因素,发现山区农户生计发展水平与地理条件具有显著相关性。陆继霞等(2014)研究表明采矿业为农户增加经济收入提供了可能，但深化了村庄内部的不平等；从长期来看，采矿业带给矿区所有农户的是被污染的环境及村民健康的损害和未来不确定的风险。赵靖伟（2014）发现贫困地区农户的生计困境表现在固有生计遭到破坏、替代生计尚未成熟，生态环境保护政策与农民短期经济利益冲突，低水平均衡陷阱等方面，农户无法实现生计安全。江进德等（2012）研究表明农户对替代生计的选择表现出生计路径依赖性、区域差异性和多样性特征。王成超等（2011）从农户行为动机出发，阐述农户生计、生活、生产行为的人为因素结构，揭示了人地关系地域系统的作用机理。蔡进（2014）研究新型农村社区建设过程中农户生计变化。周洁等（2013）运用模糊物元模型对南京市的失地农民可持续生计状况进行了实证评价，发现南京市失地农民离生计的可持续发展尚有一定差距，主要是收入、就业、教育水平影响了南京市失地农民生计的可持续发展，因此，应从完善征地补偿、就业扶持、全面保障等方面进行征地政策的调整与改进。张克云等（2010）进行了金融危机对农户生计的影响实证研究。靳小怡等（2011）、马莉莎等（2012）总结了农民工生计的研究，构建其分析框架。

第二节 生态补偿

关于生态补偿，欧美发达国家研究最早于 19 世纪 70 年代开始，随着经济及社会的全面发展、进步，人们对生态补偿的研究已经有很长历史且逐渐全面深入，但是由于各专家学者所处的角度不同造成各自观点不同，所以对于生态补偿定义并未统一。从生态学角度来看，Cuperas 等（1996）专家认为生态补偿是指生态系统以及系统内的生物群落与有机体在外部的作用或干扰下可以通过抵抗干扰、破坏，调节平衡来维系自身生存和发展的能力；即对受损的生态系统采取一定的重建或修复措施，使得生态系统的功能可以逐渐恢复或者弥补的过程。

从经济角度来看，生态补偿是指作为补偿主体的生态服务收益一方应该对作为补偿客体的提供生态服务的一方进行相关付费、补偿或维护，以达到保护和建设生态系统，保证其稳定、长期运作的目的。Dtechsler 等（1998）学者则认为生态补偿不仅是生态学领域的策略，更是从经济学角度提出的一种发展策略，因此在制定相应的生态补偿政策时，需要充分考虑到这两个领域的因素，从双方的交叉部位入手，搭建补偿模型，并制订出相应的补偿计划。

本书通过综合多方内外相关观点，对能源开发区生态补偿做出的定义是：为了达到维护生态环境、促进人与自然和谐共生的目标，运用一定的法律、税收、政策等方式对资源开发区因能源开发而导致生态环境污染和破坏以及已受损生态的弥补和恢复提供相应的补偿。

一、生态补偿的理论基础

（一）公共物品理论

从微观经济学的角度来看，社会产品可划分为两大类型，一类是私人产品，一类是公共产品，许多国内外学者对于公共物品都有着自己的看法和解释：萨缪尔森等（1998）学者在1954年对公共物品的定义是，无论哪一个人消费这种物品，都会影响到他人对这种物品的消费行为。我国学者高鸿业（1996）认为，通常情况下公共物品就是不具备消费的竞争型产品（如水资源、大气资源、生态环境等）。由此可以看出，公共物品是指增加对它的消费并不会增加成本，在生产者提供这种物品之后对他人对该物品的消费行为不能限制，他人也不需要付出任何代价（郭伟和，2001）。根据定义可以看出公共物品具有三个非常显著的本质特征：效用的不可分割性、消费的非竞争性、受益的非排他性；其中效用的不可分割性是指整个社会的成员都能够享受公共物品的效益，也就是公共物品向社会供给的整体性；消费的非竞争性是指向某个额外的消费者提供公共物品或服务没有边际成本，也就是说消费个体在享用公共物品或服务的同时并不影响其他个体享用该公共物品的数量及质量，例如清洁的空气等；受益的非排他性是指公共物品在技术上无法排斥或拒绝他人享用其效用，无论是否为之付出，都可从中获得利益，无法排除在公共物品的收益范围之外，例如环境、国防等，只要提供服务，所有国民都能享受获利（吴伟，2004）。正是由于这三个基本特征，人们在公共物品的消费过程中存在“搭便车”和“公地的悲剧”等现象，导致生态系统服务功能受到了极大的削弱，逐渐出现了供给不足现象，生态系统因此受到了严重的损害，出现了资源枯竭、市场失灵等一系列严重问题。根据公共物品理论，能源资源不仅有较高的经济价值，与能源资源相互依附的水流、森林、土地及各种生物所组成的生态系统也具有较高的生态价值（刘天齐，2003）。为了缓解能源开发引起的生态系统受损害情况，相关开采企业必须承担起修复及治理生态系统的责任和义务。

（二）资源有偿使用理论

按照环境经济学理论的观点来看，生态环境的构成中，囊括了许多有价值的自然因素，因此生态环境具有双重价值，一方面是环境价值，另一方面是资源价值，这两种价值都是人类生存所必需的。作为一个公共资源，生态系统具有稀有的特征，这种特征也是评估一个地区发展能力以及其可持续发展能力的主要指标；环境资源一方面具备一般商品的普通属性，另一方面也有其自身的特殊性。资源有偿使用在本质上是指通过有偿的使用环境资源来对这种特殊的商品资源进行合理、高效的重新分配，从而达到将区域的污染物排放、环境干扰控制在一定的环境容量范围之内，避免生态环境受到破坏（王金南，1994）。能源资源开发利用无法避免的造成污染排放、生态系统受到干扰等一系列问题，在一定程度上影响开发区域的生态环境与经济可持续发展；另外，能源资源同样具有生态环境及经济上的双重价值属性，因此无论是开发方，还是其使用方或者经营方，都必须承担其在生态补偿中应有的义务和责任，通过环境资源的有偿使用与分配，采取相应的生态环境保护途径，提高环境—资源—经济这一整体系统的效率，从而实现环境与经济“双赢”这一最终目标。

（三）循环经济理论

循环经济是指依据生态规律对自然资源进行规划、开发和利用，融资源开发、清洁生产和废弃物综合利用为一体的经济活动；循环经济理论基于系统论和生态学之上，以自然生态系统来支撑社会、经济和环境三个子系统的协调发展。循环经济理论以减量化（reduce）、再利用（reuse）、资源化（recycle）的“3R”原则及资源效用最大化为基本准则，把人类生产生活与自然循环融为一体,将环境保护与经济发展并重,以最大限度降低经济活动对环境的负面影响为目标,最终实现资源的可持续利用和资源效用的最优配置,以及人与生态的和谐发展和良性循环。循环经济理念下智力资源、科技手段等能够为生态补偿提供强大的理论和技术支持,如环境监测、污染治理、资源有效利用等。另外,生态补偿机制不仅要求环境污染的治理、资源破坏的修复,还要求现有生态环境的维护和改善,而循环经济理论能够在此基础上最大限度地保障资源利用的代际平衡,最终实现自然生态系统的永续利用和可持续发展。

(四)生态系统服务理论

学者们从不同角度对生态系统所提供的服务内容进行了归纳总结,目前被国内外学界普遍认可的分类是:供给服务、调节服务、文化服务和支持服务。

自然生态系统是人类进行生产生活的基础,其自然资源与生态环境是人类生存的福祉。补偿标准是旅游生态补偿机制制定及其实施过程中的核心与重点,其科学性和合理性直接关乎旅游生态补偿工作的效果,而自然生态系统是最直接、主要的生态服务提供者,因此,生态系统服务价值理应成为补偿标准核算中的一部分。然而,生态系统服务价值无法直接进行评估,只能通过生态效益等方面进行间接估算,且其结果也往往由于方法的不同而出现差异。此外,许多学者研究发现,以生态系统服务价值来测算的补偿标准往往偏高,影响补偿的公平和效率,因此,学者们常将由此得来的补偿标准作为补偿的参考或上限值。

(五)生态正义理论

生态正义,又称环境正义,是指对于自然生态资源的开发、利用以及责任、义务的分担,应公平合理。如何公平地分配生态权利或分摊生态责任,是生态正义理论的核心所在。生态正义可分为人际生态正义与种际生态正义。生态补偿是解决产业中种种生态不正义问题的有效途径,同时,生态正义理论为生态补偿主体与对象的确定、补偿的原则提供了重要的理论依据。利用生态系统服务及自然资源获益者即为补偿主体,而为生态环境保护做出贡献以及提供生态系统服务者则为补偿的对象,其中,补偿对象既包括人也包括自然,对自然生态的补偿,则需要在开发、发展的同时保护,对已遭受破坏或污染的进行修复和治理。

（六）外部性理论

外部性理论（externality theory）是经济学的重要范畴。外部性的定义至今仍是一个难题，但其本质已被学界普遍认可，即“某个经济主体对另一经济主体产生外部影响，该影响不能通过市场价格进行交换”，若后者受益，则为“正外部性”；若后者受损，则为“负外部性”。一种经济活动既有正外部性，也有负外部性。然而，外部性问题是生态补偿要解决的核心问题，通过协调生态利益相关者之间的关系，努力使外部效应内部化，从而有效促进自然生态系统的保护和可持续利用，以及人与自然的和谐发展。此外，解决外部性问题的“庇古税”理论和“科斯定理”也为旅游生态补偿方式的选择提供了理论启示。一方面，政府可以通过征税、补贴等途径进行干预；另一方面，加强市场运作，明晰资源的产权，明确补偿主体的受益程度、补偿对象的受损程度或贡献大小，通过利益相关者之间的协商，以市场化的方式对生态服务提供者进行补偿。

（七）区域分工理论

区域分工是区域联系与合作的主要方式。分工的根本原因在于各区域的经济在很多方面存在较大的差异，如经济基础、经济结构、经济环境、资源禀赋、生产效率等，而这种差异又不能或不能完全通过要素的自由流动得以改善。因此，区域分工的意义在于能够充分发挥各地区在不同方面的比较优势，进行专业化分工与协作，以最有利的条件、最低的成本以及最大的效益来促进各区域的经济增长，满足各区域的各种实际生活需要，提高各区域的经济效益，进而带动区域整体或全国的经济发展。因此，正是在这样的逻辑机理下，要求在区域关系格局中比较成本的大小和收益的大小，即按照比较优势原则选择最适合自己、最具有优势的产业或项目来发展。

1. 比较优势理论

比较优势理论是区域分工理论的主体，它包括绝对比较优势理论和相对比较优势理论。绝对比较优势理论源于亚当·斯密的绝对成本说，是指一个国家生产同一单位的某种商品所使用的资源少于另一个国家，这个国家在这种产品的生产上就具有绝对优势，是建立在有效的分工可以提高劳动生产率和增加社会财富的基础上的论证的。斯密认为,每一个国家或地区都可以利用适宜于生产某些特定产品的绝对有利的条件去进行专业化生产,然后彼此进行产品交换,即“两优之中选最优,两劣之中选次劣”,这样不但可以降低成本、提高劳动生产率、增加收益,而且各个国家或地区都能从中获利,最终还会导致世界财富总量的增加。由于斯密绝对比较优势理论存在局限性,如果一个国家或地区没有绝对优势部门,即在任何商品生产上都不存在绝对比较优势,那么这个国家或地区就不能与其他国家或地区进行贸易分工。即使能参加贸易分工,这个国家或地区也不会从中获得任何的利益。有学者进一步提出了相对比较优势理论,是指一个国家或地区生产同一单位的某种商品的比较劣势相对低于另一个国家,则这个国家或地区在这种商品的生产上具有比较优势。认为在两个国家或地区间,由于经济条件、发展阶段以及劳动效率等的影响,生产条件的差距并不是在任何商品上都是相等的,会由此产生相对成本的差异,而这种相对有利的生产条件就会确定其“相对比较优势”,所以对于处于相对比较优势的国家或地区,就应该集中生产并出口具有“比较优势”的商品,进口其具有“比较劣势”的商品,这样就能够在全球经济贸易中具有比较优势,并以这样的相对比较优势去参与国际区际的分工与合作,就能在国际分工与合作中更加有效地节约成本、配置本国或区域资源、利用他国或区域资源,进而提高生产效率以促进国家或区域经济的发展,即“两利相权取其重,两弊相权取其轻”的原则。

2. 要素禀赋理论

要素禀赋理论指的是赫克歇尔(E.F.Heckscher)—俄林(B.Ohlin)理论(简称H-O理论),该学说首先由瑞典经济学家埃利·赫克歇尔提出基本论点,后由贝蒂尔·俄林系统创立,它主要通过对相互依存的价格体系的分析,用生产要素的丰缺来解释国际贸易的产生和一国进出口贸易的类型。赫克歇尔认为两个国家的要素禀赋不同以及在生产过程中不同产品所使用的要素比例不同是产生比较成本差异的两个基本条件。俄林以此观点为基础,创立了完整的要素禀赋理论,而后又有萨缪尔森做了进一步论证,发展了H-O理论,并提出了要素价格均等化学说。要素价格均等化学说与比较成本理论并称为西方学术界的两大理论基石。它将国际区际贸易产生的原因和商品流向问题归因为生产要素的丰缺。要素禀赋理论指出，由于两国区域之间生产要素禀赋存在的差异，使得要素价格也产生差异，进而导致生产成本和产品价格的差异，由此产生国际区域贸易。即可归结为，国际区域贸易产生的首要条件和最根本因素就是生产要素禀赋的差异；其次，是由于两国区域内部要素价格的差异所导致的各种商品的生产成本和价格的差异。因此，当两国区域的生产要素的价格存在差异时，每个国家区域应该更加广泛密集地使用自己国家区域最为丰富、价格最便宜的生产要素来生产商品并对外出口，同时应该将别的国家区域广泛密集地使用本国区域最为稀缺、价格最昂贵的生产要素生产的产品对内进口，这样通过两国区域之间商品的进出口，将会形成各国区域比较利益的差距，即两国区域的生产要素的相对富裕程度决定了两国区域的经济利益和国际地位。要素禀赋理论由于其过于严格的假设条件不能解释所有的贸易现实，但该理论从比较优势的视角出发，深入研究各国区域之间的互补性和比较优势，注重对各国区域经济与产业的合作发展、结构的优化以及由国家区域经济贸易的合作所带来的比较利益和综合效益优势。显然，它在区域经济合作与协同发展实践中是具有指导意义和可借鉴之处的。

3. 劳动地域分工理论

劳动地域分工又称生产地域分工或地理分工，是与部门分工并称为社会分工的两种基本形式，实现分工的前提是地域间的部门分工及其所反映的地域间部门结构的差异，通常情况是生产地的价格与运费之和低于在消费地生产同种产品的价格。劳动地域分工是社会分工的地域表现形式，指一个国家或地区根据具有某一优势的社会物质生产部门进行专业化生产，是在生产地与消费地分离、靠运输进行交换的条件下实现的。马克思主义经济理论认为，只有当社会生产力发展到一定的阶段，才会出现劳动分工，人类的经济活动才会按照空间地域的形式进行分工与合作，相互依存、相互促进，并通过分工与合作提高效率、增进效益，即产生所谓劳动地域分工理论。其劳动地域分工理论发展到今天，基本观点可归纳为地域分工发展论、地域分工竞争论、地域分工协调论、地域分工合作论、地域分工效益论和地域分工层次论六个方面，这六个方面各有其侧重点。其中,地域分工发展论突出强调的是地域分工的目的,指出目的是为了能够最大限度地发挥区域比较优势,它同时指出适时调整区域发展方向和区域内的产业结构,能够有效避免区域内产业结构趋同和资源的浪费。地域分工竞争论主要认为,在统一的市场环境、公平竞争的市场条件约束下,由于资源和市场容量的有限性,区域之间必然会为了自身利益展开激烈的竞争,这种竞争会在一定的程度上促进区域资源的优化配置,进而提高区域的整体效益。地域分工协调论强调合理分工,指出合理的分工能够实现资源在区域之间的优化重组与合理配置,能够形成高级有序的区域产业结构和空间结构,使各区域、各行业和谐发展,使各区域内的经济、资源、人口以及环境保持高度和谐统一和自组织状态。地域分工合作论认为分工是合作的前提,合作能够促进分工更好地进行,二者相辅相成,实现优势互补、优势共享或优势叠加,形成一种整体大于部分之和的“合成效益”,同时提高一体化下各区域在整个区域中劳动地域分工的地位和作用,共同促进区域专业化的发展。地域分工效益论强调,在发挥各区域优势的前提下进行的地域分工与合作,有利于区域整体效率的提高和效益的发挥。地域分工层次论将地域分工分为高层次的地域分工和低层次的地域分工,强调高层次的地域分工占主导地位,对低层次的地域分工有指导和制约作用,因此建立有序的地域分工层次体系可以促进地域分工实现纵向的有序性和有效性。综上所述,各区域之间进行劳动地域分工、优势互补与制定发展战略是要以各区域的资源赋予程度和区域比较优势为依据的。准确预见与定位各区域的资源赋予差异与比较优势,进行科学合理的区域分工与经济产业合作,整合利用区域间优势互补的资源,最终达到实现各区域以及区域“共同体”效益的同向增加和利益“最大化”目标。

(八)产权理论

产权理论以产权为核心研究经济运行背后的财产权利结构,将稀缺资源理解成为一系列不同经济属性(通俗地说是对特定利益主体的“有用性”特征)的集合体,利益主体获取资源本质是获取资源产权而获取利润。简单地说,“产权是社会强制实施的选择一种经济品的使用权利”。

作为利益分配的依据,产权是资源配置中利益分配的核心以及基础,任何利益关系都将受到产权关系的制约，不同的产权结构体现了不同主体之间的利益关系。产权具有排他性、有限性、可交易性和可分解性等基本属性。产权的基本功能是减少不确定性，实现外部性内部化，用于激励和约束经济主体，实现资源优化配置和收入公平分配。在确定的产权框架中，每个利益主体遵守产权的约束并承担不遵守约束所带来的成本。产权的主体是特定的利益集团，客体是财产。不同社会经济背景下的产权主体不尽相同，存在着主体规模、边界、利益群体划分等方面的差异。产权主体基于对特定利益的诉求，不断要求对产权进行有利于自身利益的方向调整以及细化，使产权结构趋于完整、清晰。任何资源的产权界定都是产权形式的变化过程，即由共有产权逐渐转化为私有产权的过程，共有产权与私有产权分别是产权形式的两个极端。产权制度作为一种浓缩的信息筛选与提取工具，是经历了多次相似的交易活动固化得到的一种被广泛认可并接受的规范化产权规则安排，亦是不同利益主体的博弈结果，最终形成的以此为界定、约束、激励、规范、保护和调节产权行为的一系列制度和规则。

二、生态补偿的研究现状

（一）生态补偿的缘起

生态补偿实践可以追溯到 20 世纪 60—80 年代的欧美国家，最初为农业环境计划（Agri-environment Schemes）（Schomers et al.，2013）。生态补偿已成为调整社会公众福利的有效解决方案，通过个人买卖或跨区域财政转移支付，实现社会公众福利平衡（Jack et al.，2008）。社会环境对于人们参与生态补偿项目会造成一定的影响（Chen et al.，2009），经济激励和社会规范在公共资源管理方面具有重要作用（Vincent，2007；Levin，2006）。从 20 世纪末期开始，尤其是 Costanza 等（1997）在 *Nature* 杂志上的文章首次评估了全球生态系统服务价值，将生态系统服务的价值评估研究推向生态经济学研究的前沿，起到了里程碑式的意义。2000 年之后，在生态系统服务价值评估的基础上，生态补偿迅速成为生态系统及生物多样性保护的主要手段（范明明等，2017；Gómez-Baggethun et al.，2010）。

联合国千年生态系统评估(The Millennium Ecosystem Assessment)推断:过去50年,由于农林牧渔发展以及工业化和城市化快速推进,全球生态系统60%的服务功能受到损失(Kinzig et al.,2011)。生态系统为人类社会提供自然资本、多样化的商品服务(Costanza et al.,1992),相对于其他资本,人们对生态系统缺乏系统认识,然而当生态系统快速退化时人们才意识到其重要性(Daily et al.,2000)。生态补偿作为处理生态系统服务价值损失的有效手段受到国际社会的广泛关注(Yin et al.,2013)。生态补偿通常用 payment for ecosystem services(PES)一词,或者 payment for environmental services(PES),即生态系统/环境服务付费,其中前者的运用更为广泛(范明明等,2017)。

国际上生态补偿研究的理论与方法较为成熟,而我国处于起步阶段。我国生态补偿理论在对森林生态补偿和矿区恢复等实践探索中逐步演化发展起来,旨在通过一定阶段的补偿,扶助建立有持续收入和发展能力的制度体系(甄霖等,2010),处理好区域间生存权、发展权与环境权的矛盾,促进区域协调持续发展(刘兴元等,2013)。20 世纪 80 年代至 90 年代前期,生态补偿被认为是控制生态破坏而征收的费用,促使外部成本内部化(尚海洋等,2011)。生态补偿作为我国新型环境管理制度(Zhao,2012),相关研究理论、方法快速增多,但现有的研究远不能满足实际需要。能源开发区生态补偿是指因矿产资源开发,造成矿区自然资源破坏、生态环境污染、城市丧失可持续发展机会而进行的治理、恢复、校正,所给予的资金扶持、财政补贴、税收减免及政策优惠等系列活动总称(Wang et al.,2014)。2007 年,国务院通过了《山西省煤炭可持续发展基金征收管理办法》,同意在山西试点矿产资源改革,拉开了矿产资源生态补偿实践深化改革的序幕。同年,国家环保总局出台的《关于开展生态补偿试点工作的指导意见》中明确提出,在能源开发区建立生态补偿机制,有效地推进了生态补偿实践探索。

随着人类活动与环境矛盾日益加剧,生态修复与重建成为社会实践急需解决的问题之一,生态补偿也不断受到各界的关注与重视(蔡银莺等,2011;王贵华等,2011)。由于国家经济实力和生态状况的差异,国内外研究的侧重点有所不同(尤艳馨,2007)。在理论方面,早在20 世纪 50 年代国外就开始了矿产资源开发生态破坏补偿的相关理论研究,有着丰富的经验(Dobbs et al.,2008;Prebisch,1950);其中美国最先通过法律手段为制定矿区生态补偿政策提供依据,1997年,美国国会首次就矿区生态环境的修复实施了修复法规,即《露天采矿管理与环境修复法》,该法规中明确要求保护土地和自然环境(朱英,2013)。德国政府在实施相应的税收政策基础上,还通过其他“费用”方式来改善资源开发地带的生态环境,其中在《联邦矿山法》中明确要求矿产资源开采企业对矿山复垦做出保证从而严加限制对矿山的开采(Wick et al.,2009)。20世纪90年代以来,国外对生态补偿的研究逐渐深入,普遍认为生态补偿是为了弥补生态损失而对遭受破坏的生态系统进行修复或重建(Loomis,1987)。在研究内容上,主要集中在生态补偿机制的设计、自然资源开发过程中的生态补偿、对已受损生态系统的补偿对策、通过一定的经济措施来改善生态环境质量、如何平衡补偿主体与补偿对象之间的关系、补偿标准、生态补偿方式的实践、补偿核算体系、补偿渠道、生态补偿立法以及对环境费用与效益的经济价值的衡量等(文琦,2014)。在研究方法上,国外学者大都选择多学科交叉分析法作为研究方法,特别是在研究生态补偿如何保护生物多样性时基本上采用的都是经济学与统计分析交叉的方法(Drechsler et al.,1990)。根据前文所述我们可以看出,国外政府为了高效地实施生态补偿策略,通过长期研究与专项立法为其提供了比较坚实的理论依据和法律保障,在此基础上建立了生态价值的政策与制度框架。这些都是我国在实施生态补偿过程中可以参考和借鉴的,通过汲取国外在这方面的优势经验,可有力促进我国生态补偿机制的进一步完善。

从20世纪80年代开始,我国投入了大量的资源来恢复矿区生态环境及森林生态效益,经过这一系列的实践,我国的生态补偿研究逐渐开始发展,目前为止,我国关于生态补偿的研究已逐渐由政策等宏观研究方向转向了通过数学工具展开的定量研究方向(毛锋等,2006)。从时间概念上来讲,关于生态补偿的研究与实践大致可以分为三个阶段。第一阶段是20世纪80年代初期到90年代中期,这个阶段我国生态补偿政策主要采用的是生态环境补偿费,通过这种方式为生态环境保护进行融资,并结合资源开发利用推进(尚海洋等,2011)。我国首次实践生态补偿这种经济措施是在1983年,由于云南省内涌现了大量的磷矿,大规模的开采行为对矿区的植被与其他生态环境造成了巨大的损害,国家为了限制这种行为以及改善矿区生态环境的目的,向矿区的负责人收取了相应的恢复费用。一方面,从90年代中期开始,我国关于生态补偿的研究与实践逐渐走向顶峰,国家在福建和广西等多个省份地区都设立了试点单位,试点单位的成功实践,为生态环境的恢复建设提供了稳定的资金保障;另一方面,从长远意义上讲,试点的成功实施将资源开发和项目建设的外部成本纳入其本身会计成本,这正是生态环境的价值所在,也是国家在生态补偿方面可以考虑的内容。

1998年到2002年是第二阶段。这一阶段的生态补偿策略主要体现在规模较大的生态建设工程上,这些工程的资金大都来自中央政府的财政拨款,实施生态建设工程的目的在于恢复国家原有的生态功能,保障生态安全。自1998年起,我国频频发生洪涝等自然灾害,国家逐渐意识到了对生态环境造成破坏带来的严重结果。由此开始,国家逐渐投入了大量的资金启动了一系列的大型生态环境建设工程,这也正是生态补偿的第二个发展阶段(杨光梅等,2007)。在此基础上,《森林法》列入森林生态效益补偿基金,以及国家先后制定实施了退耕还林(草)、退田还湖等补偿政策,有效地推进了我国生态补偿理论与实践探索结合研究(毛显强等,2002)。

从2002年开始到2006年即为生态补偿的第三个发展阶段。这一阶段中,社会群众也意识到了生态环境的重要性,各个地区政府也纷纷响应国家号召,建立了许多试点,这些试点的实施有力地保护了生态环境,并促使社会发展与自然和谐相处。自2002年起,国家实施了一系列重大的生态补偿措施,比如退耕还林(草)工程等,各地区对生态补偿的热情持续高涨,开展了多种形式的生态补偿实践(孔凡斌,2010;张树良等,2010)。

此外,对生态补偿的研究也逐渐渗透到各个交叉学科(赖力等,2008):有关旅游生态评价及收益分配(蒋依依,2011;刘相军等,2009),海洋生态承载力与生态补偿关系(马彩华等,2011),农业生产的空间转移补偿(乔旭宁等,2011;王瑞梅等,2011),草地生态补偿机制等(戴其文等,2010;刘兴元等,

2010)研究广泛开展,有关能源开发区生态补偿的研究成果也纷纷涌现。2006 年时,国家实施了《中华人民共和国国民经济和社会发展第十一个五年规划纲要》,其中首次提出了“谁开发谁保护,谁受益谁补偿”的原则(吴中全,2009),这代表着我国初步完善了生态补偿机制;2007 年,国务院又下发了《山西省煤炭可持续发展基金征收管理办法》,由此国家开始了针对矿区的大规模改革,也意味着国家正式开始针对矿产资源实施生态补偿进行一系列实践(文琦,2014);同样是在 2007 年,国家环保总局颁布了《关于开展生态补偿试点工作的指导意见》,该意见中第一次提到我国将根据区域划分实施试点工作(朱英,2013)。这些政策的出台及合理有效的能源开发区生态补偿实践表明我国在矿产资源生态补偿方面不断升级观念,丰富制度,展开大量实践的同时,进一步推动了我国可持续发展观念的全面落实,为可持续利用资源、能源开发区域可持续发展及生态环境的保护提供了有力的政策保障。

(二)生态补偿理论研究

从理论基础来看,国外关于生态补偿的理论大体可划分为三类:科斯理论、庇古理论、超越科斯和庇古的理论。科斯理论认为,只要交易成本为零且产权界定明确,资源拥有者就可以通过谈判机制内部化环境服务的外部性,依靠市场而无须政府介入就可提供社会所需要的环境服务。庇古理论强调,通过政府收税和补贴的方式而不是市场来消除边际私人收益与边际社会收益、边际私人成本与边际社会成本之间的背离,从而使环境服务的外部性得到内部化。超越科斯和庇古的理论认为,实践上很少顾及产权分配的结构问题,也很少评估交易成本的影响,生态补偿计划不一定带来环境服务的空间转移,金钱也不是唯一的激励因素(袁伟彦等,2014)。

我国生态补偿大多为政府干预下的经济补贴,未能全面实行产权市场交易。经济学领域的生态补偿概念主要基于科斯市场交易和产权(Li et al.,2009),Engel 等(2008)指出科斯定理支持者强调经济效率和生态效率,相比庇古提出的政府干预方式,科斯定理的市场交易与产权对公共物品更具有积极影响。通常政府所实施的生态补偿项目主要依据庇古的生态补偿概念，根据“庇古税方案”对公共产品外部性功能按照市场原则进行额外补贴（Hecken et al.，2010）。能源资源开发扰乱了复杂的生态系统（空气、土地覆盖、森林、水文），并对当地经济社会（就业、收入、基础设施等）发展产生强烈的影响（Bai et al.，2011）。生态补偿作为生态环境内外部价值的有效经济调节手段（毛显强等，2002），成为协调能源开发与生态环境保护的重要途径。

生态补偿是能源开发区贫困减缓的重要手段，只有明确界定相关利益主体的职责与权利，构建科学的生态补偿机制才能实现福利公平（李惠梅等，2013）。将矿产资源完全置于市场经济背景下，才能使各相关利益主体得到应有补偿（赖力等，2008），这也是建立生态补偿机制的前提必备条件。现行矿产资源开发利用中存在的环境外部性是由于政府失灵和产权不明晰造成的（曾杰等，2014；高新才等，2011），政府作为宏观调控机构，必须承担平衡生态价值的角色，应采取经济、行政和法律等措施来完善市场。中国陆地生态系统服务价值及其间接经济价值的评估研究，为生态补偿奠定了基础（Ouyang et al.，1999）。生态补偿具有要素片面性、范围局限性、时序滞后性、方式表层性、效果短期性等特征（张志强等，2012），依据产权外部性、区域自然差异、经济地理格局等基础要素进行研究成为重要手段。能源开发区生态补偿应从经济、社会、工程三个方面优化设计，以取得社会、生态与经济效益多赢的良好效果（鲁迪等，2008），在发展经济的同时，兼顾社会公平性和生态环境目标（王立安等，2009）。

分析以上相关研究进展可以看出，我国能源开发区生态补偿以“庇古税方案”为主。实践中大部分区域仍以能源资源税形式补偿，但额度低，行政干预过多，未能随市场波动而调整。如果能将矿产资源的产权明晰化，以市场交易方式从经济、机会、福利等方面进行补偿，对于生态补偿的理论研究和实践探索都有重要意义。生态补偿不仅考虑资源地生态环境因素，还应考虑当地直接或间接经济损失，以及资源开发对社会发展的影响。

（三）生态补偿机制研究

国外对生态补偿机制问题的研究主要集中于利益相关者以及补偿标准、

补偿条件与补偿方式的确定（袁伟彦等，2014）。国外流域生态补偿金额标准与经济发展水平密切相关。大多数国家实践案例显示，当事国的经济发展水平直接影响甚至决定了流域生态补偿标准的高低。此外，当事国的整体教育水平和民众文化素养，特别是流域生态环境教育和民众对流域环境的认知与素养对流域生态补偿标准也有重要影响（李超显，2018）。

在国外流域生态补偿实践中，当地主要依据交易费用来决定具体采用哪种补偿方式。例如，小尺度流域中生态系统服务的受益者和供给者比较少且明确，交易费用比较低，一般采用一对一交易（自组织的私人交易、协商贸易）补偿方式。相反，大尺度流域生态补偿的交易费用比较高，通常会选择公共支付等补偿方式（李超显，2018）。

目前我国流域生态补偿方式主要有国家大型生态建设项目、地方政府为主导的生态补偿、小流域中的补偿主体和对象之间自愿进行的一对一交易、公开市场水权交易补偿、依据水资源量收取水费等补偿方式。在流域生态补偿中，我国各级政府在流域生态补偿中占据绝对地位，是我国流域生态补偿的主要力量。政府补偿是我国流域生态补偿最主要的补偿方式，我国绝大多数流域生态补偿都是政府主导的，特别是在市场经济不发达、发展相对落后的中西部地区。

流域生态补偿运行机制是流域生态补偿的关键问题，需要回答“补什么”、“谁补谁”、“补多少”、“怎么补”和“补的效果”这“五个补”问题。具体到流域生态保护与修复活动，补的是受益的生态系统服务功能价值，由生态系统服务功能受益者补偿生态保护与修复活动参与者，补额外的生态建设费用和损失的发展机会成本，通过资金、产业、技术等形式补偿，实现流域生态补偿持续有效与区域可持续发展（赵银军，2012）。

建立全国层面的流域生态补偿是保护大江大河水生态系统服务功能，促进人水和谐，调节区域内损益关系，实现全国区域协调可持续发展的必然要求。中央为实现国家整体利益最大化，已划定了各类保护区、修复治理区等。其补偿主体以中央政府为主，补偿客体为保护与修复区内企业、团体和个人。以同等资源条件地区为参照，补偿保护与修复区损失的发展机会成本。以财政转移支付、直接补贴等形式实施补偿（赵银军，2012）。

我国能源开发区生态补偿过度依赖于政府,经济活动倾向于投资周期短、回报效益高的行业,大多集中于矿产资源产业。国际上,政府一般通过政策法规干预生态系统服务相关活动,而生态补偿则是生态服务受益者通过市场交易向生态环境管理者付费的补偿机制(Tiainen et al.,2014)。近年来,我国能源开发区依托资源开发取得了社会经济的快速发展,但随之而来的生态环境问题却成为区域发展的瓶颈。尽快建立科学的生态补偿机制,调整利益相关者的资源收益分配问题,成为区域协调发展的关键(李文华等,2010)。研究表明,能源开发区经济发展具有较高不均衡性,而且产业结构单一,贫富差距拉大,生态环境恶化等问题加速了贫困化和社会矛盾(Dong et al.,2014;Pegg,2006)。生态补偿作为一种新型环境管理制度,将对经济与环境利益格局进行调整,从而成为生态环境福利公平享用的重要目标机制(见表1-1)。发达国家的生态补偿机制基于完善公共财政体系,以降低保护区的经济活动强度为导向(刘平养,2010),发展中国家的生态补偿机制则更倾向于通过自然资源的可持续开发来补偿保护地的发展机会损失。

表1-1　能源开发区生态补偿机制

内　容	生态补偿机制
补偿主体	国家补偿、资源开发者补偿、利益相关者补偿、社会补偿
补偿客体	资源地政府、矿山企业、资源地居民
补偿类型	政府补偿、市场补偿
补偿范围	资源耗竭补偿、资源价值公平补偿、资源地生态环境补偿
补偿方式	资金补偿、项目补偿、智力与技术补偿、福利补偿、实物补偿、机会补偿
补偿来源	财政转移支付、资源税费、生态环境补偿费、社会保护基金、金融信贷、社会援助
补偿原则	破坏者付费、使用者付费;受益者出资、保护者受偿;政府主导市场推进、责权利统一
补偿目标	区域协调发展、城乡统筹发展、利益公平分配

在实践中,区域尺度上的"生态—经济"过程和资源环境问题是能源开发

区生态补偿研究的重要组成部分,区域政策成为解决生态补偿问题的主要手段。实践研究应考虑生态补偿执行的复杂性与约束性,关注生态系统服务的形成与供给机制,生态补偿融资机制与支付机制,补偿对象空间定位,激励方式选择,效率与公平的权衡,额外性与不正当激励以及中介机构的影响力等关键问题(赵雪雁等,2012)。

生态补偿已成为解决生态环境问题与区域经济、社会发展的重要途径(Lei et al.,2013)。近年来,生态补偿作为能源开发区一项经济政策和手段开始逐渐得到重视(高彤,2007)。如何确定生态补偿主体和来源,补偿费对相关产业的影响,补偿费的合理征收、监管及使用,以及补偿效果的考核等都成为构建生态补偿机制的关键(李晓建等,2009)。研究认为,设定具有差异性的补偿标准才能有效解决生态补偿问题,将补偿分为基本补偿、产业结构调整补偿以及生态效益外溢补偿 3 个阶段,生态补偿机制应以“造血式”补偿为目标,在研究中需加强生态学与经济学理论与方法的交叉(秦艳红等,2007)。现有研究较少关注能源开发区劳动力投入和科技投入对区域发展的影响,在产业结构调整、收入分配对生态补偿的影响方面研究也尚不多见。

以上研究可以看出,伴随着城市化和工业化快速推进,能源开发区生态环境恶化,城乡差距、贫富差距拉大,劳动力就业难等问题突出。生态补偿成为协调城乡、贫富差距,转换产业结构的重要手段。如能从生态补偿的主体、客体、途径、期限、内容等方面进一步完善生态补偿机制,对于能源开发区经济、社会、生态全面发展将具有深刻影响。

(四)补偿标准研究

目前,流域生态标准量化方法尚无定论,国内外使用较多的方法主要有以下几个。

1. 支付意愿法

支付意愿法是通过开展调查问卷,掌握消费者支付意愿,从而进行综合评估的方法,其基础是高质量的调查问卷。

2. 费用分析法

费用分析法就是先把水源涵养区投入的生态建设和保护费用或因生态保

护而放弃的机会成本核算出来，以上为基础，测算生态保护行为的投入方应该得到的受益方支付的生态补偿额度。

3. 生态重建成本分摊法

生态重建成本分摊法将流域生态环境的恢复成本分摊到不同行政区内，其分摊根据的是上下游受益程度和支付意愿。

4. 水资源价值法

水资源价值法是假定能够直接对流域生态服务价值进行量化，以此为基础，结合水量水质调整系数来测算补偿标准。

5. 生态系统服务功能价值法

这是根据流域生态系统服务的受益程度，对不同地区应分摊保护成本比例进行核算。

6. 机会成本法

机会成本法是指上游地区为保护整个流域生态环境而放弃的经济收入以及发展机会等（刘上舰，2017）。

中国在国家、区域、流域等尺度上的生态补偿实践研究取得了丰硕成果（Yang et al.，2013；Chen et al.，2012），但能源开发区生态补偿系统制度设计缺乏，以政府单方面决策为主，利益相关者参与不够、补偿范围界定方法不科学、生态补偿对象和补偿方式不完善、补偿标准低及方法缺乏科学基础等问题显著（欧阳志云等，2013）。现有补偿模式单一、补偿资金不足，忽视生态补偿的空间差异等问题制约区域经济发展。政府介入显著提高了生态补偿的运行效率，降低了交易成本，保障了公平和谐，但政府不能代表生态补偿的所有利益相关体（戴其文等，2010），生态补偿标准最终应由市场交易决定。如何构建科学的生态补偿机制，协调区域生态与经济和谐发展，成为矿产资源区生态补偿研究的主要任务。

现有能源开发区生态补偿标准的研究方法主要有市场价值法、机会成本法、修复费用法、影子工程法、资产价值法、人力资本法等（见表1-2）。

表 1-2　能源开发区生态补偿标准测算方法

测算方法	测算公式	表征含义	特　点
市场价值法	$L=\sum_{i=1}^{n}P_iR_i$	L 为区域生态环境或产品损益价值；i 为损益产品；R_i 为产品损益量；P_i 为产品价格	便于观察，易被决策者和公众接受，但公共产品（空气、水等）的评价，难以确定真实的价值
机会成本法	$L_i=S_iW_i$	L_i 为资源 i 机会成本价值损益；S_i 为资源 i 单位机会成本；W_i 为资源损失量	适合具有唯一特征资源的评估，可信度较高
修复费用法	$V=x_1+x_2$	V 表示修复费用；x_1 为可修复部分费用；x_2 为不可修复部分贬值费用	简化为可修复与不可修复，且可修复的价格容易计算，但不可修复的价格难以判定
影子工程法	$V=f(x_i,x_2,\cdots,x_n)$	V 表示需评估的环境资源价值；x_1,x_2,x_3 为替代工程中各项目的建设费用	价值转换简化了评估，但替代工程与原生态系统功能的异质性，导致评价存在偏差
资产价值法	$B=\sum_{i=1}^{n}a_i(Q_1-Q_2)$	Q_1,Q_2 为项目建设前后生态环境质量水平；a_i 为补偿主体的边际支付意愿；B 为项目引起的资产价值变化	考虑了生态环境动态变化程度，更加精确反映生态环境价值变化，但对于资源开发外部性考虑不周
人力资本法	$V_i=\sum_{n=1}^{\infty}\frac{x_1^nx_2^nx_3^n}{(1+r)^{n-i}}Y_n$	i 为年龄，n 为时间段（年）；r 为贴现率；Y_n 为寿命、就业概率；x_1^n 为预期收入，x_2^n 为预期寿命，x_3^n 为预期具有劳动能力时间概率	用收入损失估算由于生态环境问题引发的人力资本死亡，较好地评估了资源外部性价值，但对资源自身价值没有更多评价

在生态补偿项目评估中，全面、准确地计算损失者的直接成本、机会成本和发展成本比生态服务价值评估本身更为重要（Liu et al.,2011）。生态系统评价可以帮助资源管理者准确评估矿产资源开发所带来的利益损失（Zhang et al.,2010）。对于矿产资源开发来讲，从资源输出地和输入地两个不同视角出发，运用生态系统服务功能价值、市场价值、半市场价值理论方法，综合考虑资源价值和生态服务价值损益，从而对资源开发的价值损益进行全面评估

(李晓光等,2009)。研究认为,生态补偿包括直接损失、间接损失以及生态资源修复费用,采用修复成本法,将治理和防护生态破坏的工程费用视同生态破坏损失进行核算(Zhen et al.,2011)。在确定生态补偿标准时还应考虑放弃资源开发导致的机会成本损失,这样才能核定较为公平合理的生态补偿标准(刘金勇等,2013)。

以上研究进展可以看出,能源开发区生态补偿主要以经济补偿为主,且补偿模式单一、补偿资金不足。现有生态补偿标准评估方法各有侧重。市场价值法便于观察,容易被决策者和公众接受,但公共产品属性导致难以确定其真实价值。修复费用法中可修复部分容易计算,但不可修复部分的价格难以判定。资产价值法能够更加精确反映生态环境价值变化,但对外部性考虑不周。人力资本法主要侧重于生态环境的外部性价值评估。机会成本法对单一特征的资源评估具有优势。实际研究中,若能根据区域特性,选择多种方法从多角度进行评估,可能使评估结果更加接近矿产资源实际价值。

(五)学科交叉研究

矿产资源开发关系到矿产资源、生态环境、产权经济、收益分配、区域发展等方面问题,因此,生态学、地理学、资源学、管理学、数学等多学科从不同角度对其进行深入的研究(见图1-1)。

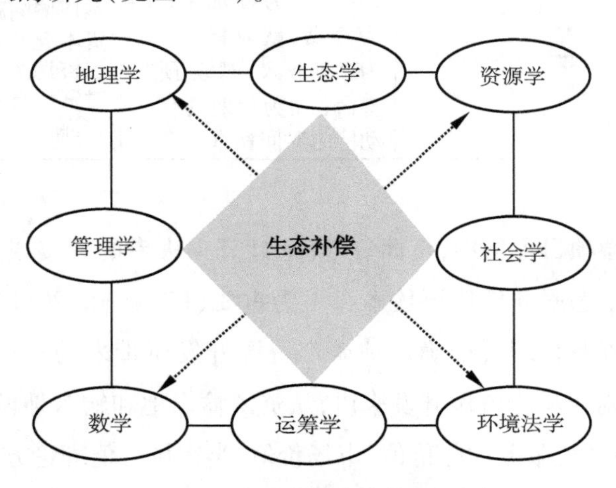

图1-1 生态补偿的学科交叉研究

探明生态补偿与环境破坏、资源价值、生态损益之间的关系是明确生态补偿定位的关键(杨光梅等,2007)。生态学主要侧重于生态服务价值损失,对资源开发造成的水土流失、土地退化等评估(Shi et al.,2012;Li et al.,2011),以促进人与自然和谐发展为目标,探索维持生态系统平衡的策略,并为人类生存和发展提供良好的物质基础和生态环境。地理学强调生态补偿的区域差异性研究,主要探究协调区域发展、缩小贫富差距的区域生态补偿理论与方法(王女杰等,2010)。资源学侧重资源价值、资源禀赋、资源周期等方面的研究,探讨生态补偿的主客体、补偿周期、补偿标准等问题(Lu et al.,2013)。经济学突出了资源的产权属性,认为生态补偿应针对不同生态系统和生态服务类型属性,以产权经济学"交易费用"理论为依据,从成本—效益角度揭示生态补偿问题,从而实现外部成本或效益的内部化(Dong et al.,2014)。管理学注重模型分析,提出相应策略,构建了能源开发区生态损益量、补偿量、补偿规模模型,运用微分对策模型研究政府跨时期生态补偿(Zhang et al.,2010)。博弈论作为经济学与数学交叉学科的产物,谋求生态补偿各利益主体博弈均衡,该研究方法得到了学术界的普遍认可(程倩等,2014)。通过研究居民与居民、企业与企业、居民与企业的博弈关系,提出生态补偿制度必须以博弈均衡为基础(张倩等,2013),需要政府部门积极协调平衡各方利益,制定合理生态补偿政策,实现社会综合利益最大化。社会学主要从追求社会公平主义,通过制定法律、制度适时调控相关主体之间的权利和义务,从而实现生态环境利益的公平分配(Dai et al.,2014)。

可看出,各学科的研究侧重点不同。目前生态补偿研究大多注重资源本身价值,实践中往往忽略了矿产资源开发产生的外部不经济性,以及矿产资源开发间接对区域经济发展的影响。如能从交叉学科出发,结合各学科优势,对能源开发区生态补偿进行深入研究,深入剖析能源开发区生态补偿机理,促进生态补偿研究理论研究与实践探索逐步完善。

生态补偿理论中,通过对环境的外部性以及非市场价值进行转化,使其成为一种经济激励机制,进而实现对环境的保护,以及对经济发展的调节。从目前来看,有许多国家都实行了相应的生态补偿策略,例如我国的退耕还林还草工程项目、美国与欧盟的农业环境政策、墨西哥的森林水文服务补偿方案等。但是,这些政策实施之后,生态服务的提供者在提供生态服务的同时损失了他们原有的一些利益,反而成了受损者。因此,这些政策工程是否可以顺利地完成,主要取决于生态服务提供者的付出有没有被社会所承认以及他们受损的那部分利益是否会得到相应的补偿等。针对上述这些问题,许多学者都进行了相应的研究,并取得了丰富的成果。生态补偿策略对生态服务提供者即农户产生的作用主要体现在生态补偿对农户收入的影响(李文华等,2006)、生态补偿对农户生活的影响(樊胜岳等,2005)、农户参与生态补偿的意愿(赵雪雁等,2010)等几个方面。研究结果表明,总体来说,实施生态补偿以后,虽然个别地区农户的家庭纯收入在短期内有所下降,但其家庭总收入增加,因此生态补偿是有利于缓解贫困的;生态补偿有效推动了农户土地利用结构调整,使土地利用的可持续性增加;各类农作物种植结构变化不大,农产品产值结构变动较大;提高了农户总体福利水平(张丽,2012);另外,学者专家研究分析了不同生态补偿实施区农户对补偿项目的感知及参与意愿,发现补偿资金不是影响参与意愿的唯一因素,生存环境、农业规模、人力资本、家庭经济状况、风险和信息的获得等都是影响参与意愿的重要因素。

综上所述,生态补偿研究取得了重要进展,分别从生态补偿机制、生态补偿对农户影响、生态环境问题的形成机理、生态补偿效益、自然资产价值确定以及生态服务价值评估等多个方面进行了深入的研究和实证分析。随着我国能源战略西移,国际能源局势日益紧张,未来陕甘宁蒙能源"金三角"将作为西部大开发的战略新高地,资源开发强度将进一步升级,而该地区生态环境脆弱,农村经济贫困等成为制约区域可持续发展的主要障碍。除了提高能源资源的开发使用效率之外,如何促进区域经济的增长,实现农户的可持续生计发展,将成为该领域在接下来最重要的研究主题。此外,根据现有的研究成果来看,大部分研究注重生态补偿给生态服务提供者带来的效益,对工程实施以来所存在的问题有待进一步探讨;相关学者虽从多个方面探究了农户的生计问题,然而大多数研究都属于定性研究,定量分析有待进一步补充;国内有关退耕还林还草工程对农户生计影响的研究较多,能源资源开发生态补偿对农户生计影响的研究有待进一步完善。

从农户的视角出发,借鉴 DFID 可持续生计模型并结合研究区实际情况,建立能源开发区农户可持续生计框架。选取合适的指标变量,以典型农户实际调研数据为基础,运用相关数学模型核算分析能源开发区生态补偿对农户生计资本与生计策略的影响,揭示不同生态补偿方式对农户生计的影响。以期为我国资源富集、生态脆弱、农村贫困地区能源开发、生态保护和农户生计等理论研究与实践提供一定的补充、借鉴作用。

第三节　研究展望

我国生态补偿严重滞后于矿产资源开发进程。通过文献调研,发现能源开发区目前存在以下问题:矿产资源开发对区域复杂生态系统整体影响的评价缺乏系统研究,相关能源开发区土地退化、土地塌陷、地下水位下降、植被退化等单因素研究较多,而系统研究尚不成熟;我国能源开发区生态补偿理论研究仍处于起步阶段,如何更好地发挥政府、市场在矿产资源开发中的作用,还需从补偿主客体、补偿方式、补偿标准、补偿途径等方面深入研究,且理论研究应先于实践探索;缺乏对能源开发区生态服务价值和矿产资源开采效益量化的准确评估,对于矿产资源开发的收益与其在区域生态服务中的价值比较研究有待深入;能源开发区生态补偿客体的分配问题也值得深入探讨,目前大多数补偿对象为当代人,且限于经济补偿,为区域持续发展埋下了隐患。

随着我国城市化与工业化加速推进,国际能源局势日益紧张,未来资源开发强度将逐步升级,如何合理有效地开发矿产资源,带动区域经济、社会、生态全面发展成为这一区域未来研究的主要命题。未来研究重点主要从矿产资源持续开发利用、能源开发区生态效益评估、资源公平收益分配问题、矿产资源开发利用的补偿机制等多方面深入研究。

一、能源开发区生态补偿理论研究

生态补偿理论研究在我国仍是一个较新命题,在能源开发区尤为如此,理论研究落后于实践探索，生态补偿的内容及总体框架仍不明晰。虽然我国已初步建立了一些生态补偿资金和渠道，但依然以政府为主导部门，通过重大生态工程及配套措施的方式实现，未能形成以市场产权交易为主、政府监督为辅的生态补偿机制，且缺乏确定补偿标准的科学依据。在不同时空尺度，结合自然条件与社会经济特点的生态补偿机制分区构建有待深入研究。

二、矿产资源开发的生态系统价值损益评价

定量评价矿产资源生态服务价值损益是生态补偿的前提基础，只有准确评估矿产资源开发过程中造成的生态服务价值损失，才能对应开展补偿工作。因此，能源开发区的生态价值损益的定量评价成为该领域研究的主要内容之一。不仅要评估资源本身价值，还要对资源开发引发的土地塌陷、土地退化、地下水位下降、植被退化等外部不经济性进行评估，这部分评价可能成为研究的难点。如能通过建立能源开发区生态损益评价指标体系与模型，对区域生态损益进行动态仿真模拟，进而准确评价矿产资源开发造成的生态环境系统价值损益，为后续的生态补偿标准确定奠定基础。

三、能源开发区生态补偿类型与模式提炼

我国能源开发区自然环境存在着显著差异。针对不同地域类型区，结合矿产资源经济活动差异，对矿产资源区进行空间分类是未来研究的主要任务。通过对能源开发区自然环境、经济基础、产业结构、社会特征等多因素系统分析，对不同类型区进行分类研究，并提炼出各个类型区的发展模式。同时，还应对各种类型与模式的生态补偿主体、补偿客体、补偿方式、补偿标准进行系统研究，并对不同区域选择资金补偿、机会补偿、福利补偿、政策补偿等不同补偿方式进行辨别分析。

四、能源开发区生态补偿长效机制构建

政策保障机制是生态补偿实施的必要条件，构建生态补偿长效机制成为能源开发区持续发展的关键。重点研究生态补偿的法律约束机制、财政转移

支付机制、环境补偿机制、区域协调机制和市场价格机制等，如何在不同类型区实现各机制之间协调、互补、替代，充分发挥各机制的作用，这些需要进一步强化研究。另外，在强化落实补偿各利益相关方责任的同时，如何兼顾各方利益公平，推动相关生态补偿政策法规的制定和完善，也是构建生态补偿长效机制的重要组成，亟须深入研究。

农户生计是指农户维持生活的办法，农户的能力、拥有资产、生产活动及所处的环境是农户维持生活的基础。可持续发展理论是农户可持续生计的理论基础。公共物品理论、资源有偿使用理论和可持续生计理论是生态补偿的理论基础。而可持续生计分析框架是当前农户生计研究的指导性框架。农户可持续生计主要涉及生态资产、生计脆弱性、生计策略、政策对农户生计影响、农户生计与生态环境的相互关系等主要研究内容。生态补偿的研究主要涉及补偿理论研究、补偿机制研究、补偿标准研究等。对于矿区而言，未来生态补偿的研究包括矿产资源开发的生态系统价值损益评价、矿区生态补偿类型与模式、矿区生态补偿的长效机制等。

第二章　研究区概况

随着我国工业化进程加快、经济快速发展，对能源的需求日益增加，能源资源对经济和环境的影响以及它们之间的矛盾越来越引起社会关注（文琦等，2014）。榆林市作为陕甘宁蒙能源“金三角”的核心地区，能源开发可以使资源有效转化为能够满足社会需要的各种服务和产品，有利于推动当地产业发展、改善区域经济社会发展，但也引发了一系列环境问题，对大气、水、土壤环境都造成了严重干扰和影响，成为影响环境和经济质量的因素之一。深入研究榆林市区位特征、经济社会发展现状、产业结构演变及其环境影响、生态补偿实施等问题，能够促进产业升级、转变经济增长方式，提高农户生计水平，推进区域可持续发展，具有重要的理论价值和实际意义。

第一节　自然地理概况

一、地理位置及行政区划

榆林市位于陕西省最北部，北纬 36°57′—39°34′，东经 107°28′—111°15′，东隔黄河与山西省对望，西接宁夏、甘肃两省（区），北临内蒙古自治区，南与本省延安市相连。境内东西长约 385km，南北宽约 300km，东宽西窄，总面积 43578km^2，约占本省总面积的 21%，现辖榆阳区、横山区 2 个区，神木市 1 个县级市，府谷县、靖边县、定边县、佳县、米脂县、子洲县、绥德县、吴堡县、清涧县 9 个县，分为 222 个乡镇、5625 个行政村。其中，榆阳区、横山区、神木市、府谷县、靖边县和定边县为北部地区，佳县、米脂县、子洲县、绥德县、吴堡县和清涧县为南部地区。本书第六章、第七章、第八章以榆林市北部地区的调研数据为基础进行研究。

神木市位于陕西省北端，富藏煤、油、气、盐、石英砂等数十种矿产资源，其中以煤炭资源为最，探明储量500多亿吨，主要分布在市域北部及西部。境内呈不规则菱形，总面积7635km^2，居陕西省内各县市之首，辖15个镇(办事处)326个行政村。本书第三章、第四章、第五章以及第十章以榆林市北部县级市——神木市为案例区进行研究。

二、自然地理概况

榆林市海拔1907m，属干旱、半干旱大陆性季风气候，年平均降水量达406mm，自然地貌大致分为风沙草滩区、黄土丘陵沟壑区、梁状低山丘陵区三大类，富藏煤炭、石油、天然气、岩盐等能源矿产，平均每平方公里土地下蕴藏了622万吨煤、1.4万吨石油、1亿立方米天然气、1.4亿吨岩盐，资源组合配置好、国内外罕见，被誉为中国的“科威特”。

县级神木市位于榆林市北部，北纬38°13′—39°27′、东经109°40′—110°54′，总面积7706km^2，是陕西省面积最大的县级行政区，辖21个乡镇629个行政村。含煤面积达到4500km^2，占全县面积的60%，总储量超过5×10^{10}t，煤炭质量高，被誉为“中国第一产煤大县”。煤炭资源多分布于县境西北部。

第二节 社会经济发展概况

榆林市地处陕甘宁蒙晋五省区交界之处，承接东南西北，属于中西部交接地带。便捷的交通使其区位优势明显，随着1998年陕北国家能源重化工基地建设，榆林市作为陕甘宁蒙能源“金三角”的核心地带，已经成为能源开发的主战场(朱英，2013；R.Prebisch，1950)。特别是西部大开发和改革开放以来，榆林市抓住发展机遇，依托自身资源优势，经济模式由单一农业型向多元复合型转变，其中能源化工产业快速发展，经济及社会发展也明显加快，逐步走上新兴能源化工基地建设发展的道路。

一、经济发展整体趋势

从经济发展整体趋势来看,1996 年以来,榆林市紧抓改革开放、能源化工基地建设、西部大开发等发展机遇,依靠丰富能源资源,经济得到快速发展。GDP 和地方财政收入均总体呈大幅度增长趋势,分别从 1996 年的 59. 35 亿元、2. 72 亿元增长到 2017 年的 3318. 39 亿元、312. 97 亿元,而且两者增长趋势大体同步。其中,1996—1998 年,由于处在探索寻求发展阶段,榆林市 GDP 和地方财政收入分别由 59. 35 亿元、2. 72 亿元增长到 62. 51 亿元、3. 93 亿元,整体发展速度相对缓慢。1998—2012 年,随着国家能源化工基地建设,榆林市 GDP 和地方财政收入增长趋势均比较迅猛,由 62. 51 亿元、3. 93 亿元增长到 2569. 88 亿元、229. 06 亿元,年平均增长分别高达 179. 1 亿元、16. 08 亿元;2000 年以后,GDP 和地方财政收入增速均保持在 17%左右。2012 年以来,由于煤炭市场萎靡不振、煤炭价格下跌,使得私营煤炭企业经营困难重重;另外,由于自身的不可持续性与不合理运营,曾经风光一时的民间借贷行业瘫痪崩溃,给区域经济造成严重影响,榆林市经济增长趋势明显减缓,GDP 和地方财政收入分别增长至 2017 年的 3318. 39 亿元、312. 94 亿元(见图 2-1)。

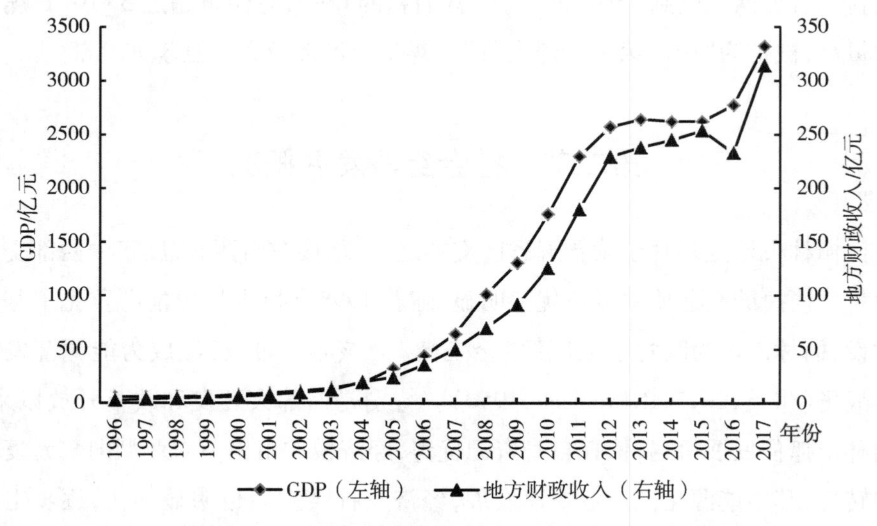

图 2-1 1996—2017 年榆林市 GDP 及地方财政收入发展趋势

二、产业结构演变趋势

榆林市是典型的资源型城市，随着经济发展速度逐渐提高、市场经济体制不断完善、对能源开发力度不断加大，产业结构也发生了重大的变化。

三次产业产值结构演变态势如图 2-2 所示。

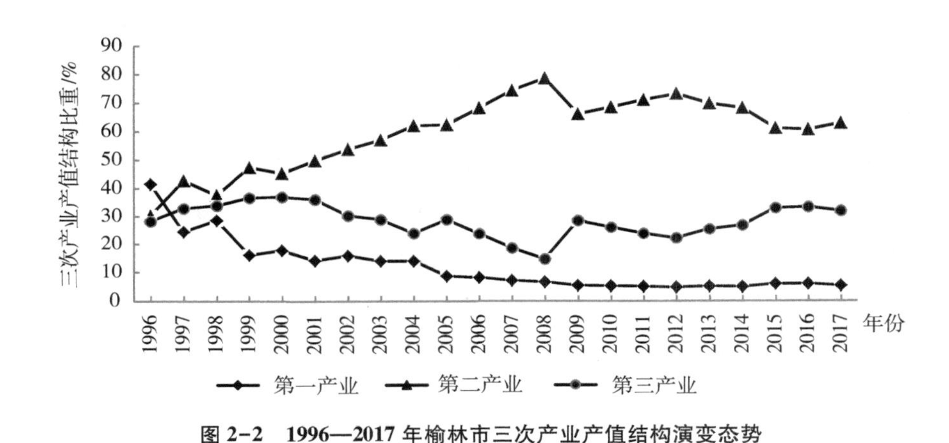

图 2-2　1996—2017 年榆林市三次产业产值结构演变态势

1996—2017 年，榆林市三次产业产值比重以 1998 年为转折点由 42：30：28 转变为 5.1：62.8：32.1，产业结构由“一二三”演变为“二三一”。第一产业产值比重总体大幅度下降，第二产业产值比重在 1998—2008 年持续上升，2009 年以后受煤炭市场不景气影响有所回落，但仍占有较高比重，第三产业则呈现波动变化趋势，三次产业结构逐渐趋于合理。

1996—1999 年，第一产业和第二产业结构的变化波动较大：第一产业产值比重在 1996 年至 1997 年由 41.5%大幅度下降到 24.4%，在 1998 年初有所回升，达 28.5%。1998 年以后呈持续下降趋势；第二产业产值比重由 1996 年的 30.3%增加到 1997 年的 42.7%，在 1998 年初又下降到 37.5%，1998 年以后大体处于波动增加的趋势。这种波动状况是因为 1998 年陕北国家能源化工基地建设使得其对榆林产业结构产生了冲击影响，成为榆林市三次产业结构转型的“转折点”。

1998 年以来，第一产业产值比例一直处于稳定持续下降的变化趋势中，由 1998 年的 28.5%下降到 2013 年的 4.9%，这主要是由于陕北能源基地建设影响带动的经济增长速度差异造成的。第二产业和第三产业结构的演变趋势可分为两阶段：1998—2008 年，第二产业产值比重总体上大幅度增加，由 1998 年的 37.5%增加到 2008 年的 78.7%，持续增加 41.2%；第三产业产值总体上则处于大幅度下降趋势，由 1998 年的 34%下降到 2008 年的 14.7%。说明在此阶段，由于国家为促进能源基地发展制定的一系列相关优惠政策，带动能源区重化工业发展，使榆林市的经济驱动力以工业化等相关产业发展为主，其他产业受到影响，发展进程相对缓慢。2008—2017 年，第二产业产值比重由 2008 年的 78.7%回落到 2009 年的 66.1%，2009 年以后趋于稳定；第三产业产值比重由 2008 年的 14.7%增加到 2009 年的 28.6%，2009 年以后呈现总体缓慢下降趋势。这说明 1999 年以来榆林市产业结构逐步调整优化，但仍以能源开发主导的工业为主。

产业内部产值结构演变趋势如图 2-3 所示。

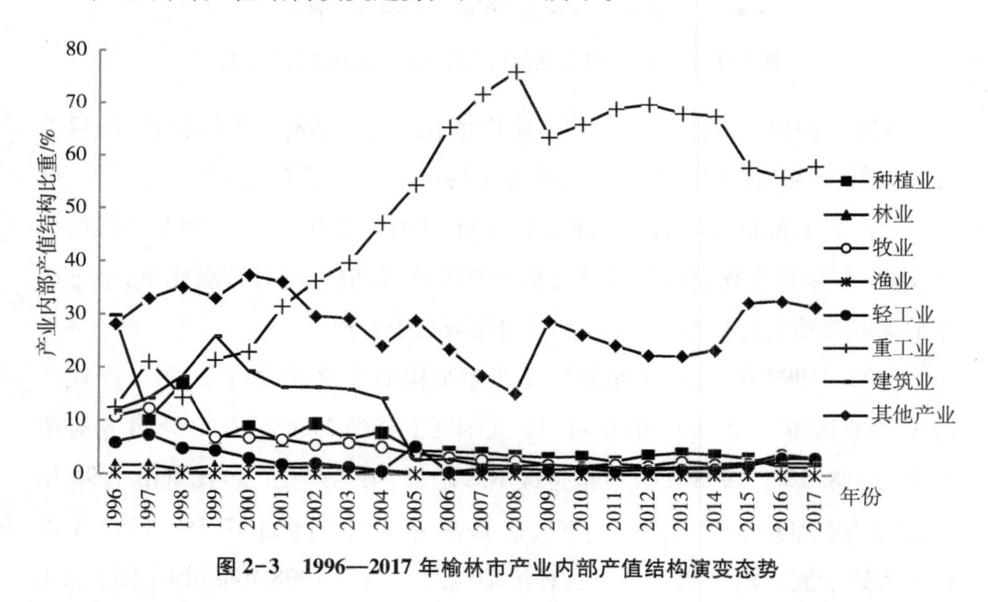

图 2-3　1996—2017 年榆林市产业内部产值结构演变态势

1996—2017 年，榆林市产业结构由 1996 年以种植业、建筑业、其他产业为主，演变为 2017 年以重工业、其他产业为主。其中种植业产值下降幅度最大，由 1996 年的 29.08%下降到 2017 年的 1.46%，林业、牧业和渔业产值比重则一直处于平稳下降趋势，分别由 1996 年的 1.57%、10.74%、0.11%下降到 2017 年的 0.36%、3.17%、0.06%；这是由于 1998 年以来榆林市逐渐将注意力转向能源、化工为主的优势产业，目前第二产业已经成为带动全区经济增长的支柱。重工业和建筑业比重在研究期间有较大的变化；其中，重工业发展又可以分为两个阶段：1996—2008 年，重工业整体呈大幅度波动上升趋势，由 14.36%增加到 76.03%，持续增长 61.67%；2008—2009 年，重工业产值比例又缓慢下降，由 76.03%下降到 63.4%，此后又恢复缓慢稳定增长趋势，由 63.4%持续增长到 2013 年的 67.11%，此后缓慢持续下降。建筑业在研究期间可以分为三个阶段：1996—1999 年平稳上升，由 11.68%上升到 25.9%，持续增长了 14.22%；1999—2011 年发生了较大幅度的下降，由 25.9%下降到 1.35%，持续下降了 24.55%；在 2011 年至 2017 年又略有回升。其他产业一直呈现缓慢波动性演变趋势。

通常情况下，第一产业所占比重越小、第三产业所占比重越大的地区经济发展水平越高。榆林市产业结构演变趋势说明，第一产业在国民经济中所占比重大幅度降低；第三产业还处于初期发展阶段，没有发挥自身拉动经济快速发展的作用，整体发展较缓慢；第二产业在国民经济发展中发挥了很大的促进作用，经济发展主要依托工业化驱动。近年来榆林市逐渐走上了一条以重工业为主导的工业化道路，能源重化工企业数量增多对劳动力吸纳程度增加，导致其他产业等具有低耗能特点的技术产业和第三产业发展受到规模效应限制。因此，榆林市产业结构急需转型升级，应该加强相关政策指导、促进产业内外结构调整、提升科技发展水平、提高资源利用效率，合理布局调整能源化工产业，走新型工业化道路。此外，榆林市还应该大力发展金融业并以此带动起一系列相关行业如房地产业、保险业、对外贸易服务业等行业的发展，使榆林市第三产业的发展向着更高层次迈进，推动榆林市经济良性发展。

三、社会生活发展概况

人类的社会生活水平是衡量一个国家或地区发展的基本标准之一，也是促进经济发展的动力和最终目的。

从主要社会生活指标来看，榆林市大力开发转化优势资源、调整区域经济结构，不断创造、改善经济发展环境，随着经济快速发展，社会生活也得到进一步改善，促进各项社会事业发展（见表2-1）。

表2-1　榆林市社会发展概况

年　份	人口/万人	人均GDP/元	就业人口/万人	职工工资/元	人均存款/元	居民平均消费/元
1996	320.00	1851	140.54	3899	1037	967
1997	323.91	1799	145.15	4297	1310	1067
1998	325.86	2013	148.07	4908	1433	1107
1999	329.82	1966	153.68	5808	1609	1058
2000	331.63	2452	151.07	6569	1856	1133
2001	334.16	2833	152.02	8373	2083	1117
2002	335.50	3328	156.81	10118	2373	1618
2003	348.21	3987	152.04	10166	2864	1588
2004	349.96	5528	153.10	11956	3444	2049
2005	351.63	9723	163.20	14257	4984	2477
2006	353.41	13312	166.44	17487	6766	2952
2007	355.25	20277	167.31	23547	8153	3313
2008	357.01	30143	173.10	30786	13571	3864
2009	358.76	38950	181.39	36494	16530	4397
2010	360.55	52480	193.03	40629	19430	5910
2011	370.69	68358	194.41	45053	21483	7135
2012	374.55	79587	191.68	51607	28457	10973
2013	337.03	82633	199.32	55597	32369	11105
2014	373.84	86482	204.55	56321	36530	12889
2015	377.11	77267	208.64	64812	38726	13172
2016	382.00	81764	202.36	62140	39981	16628
2017	385.04	97811	199.30	64007	50300	17443

人口规模不断扩大。1996年以来，榆林市人口死亡率逐渐降低，自然增长率不断上升，人口由1996年的320.00万人持续增长至2017年的385.04

万人，年平均增长率为 2. 96 万人。

就业机会进一步增加。榆林市能源开发及产业调整促进就业结构变化并使之互相影响不断趋于合理，为当地带来就业机会。1996 年以来，榆林市就业人口由 1996 年的 140. 54 万人持续增加至 2017 年的 199. 30 万人，年平均增加 2. 67 万人。职工工资也得到大幅度提高，由 1996 年的 3899 元增加到 2017 年的 64007 元。

人民生活条件得到改善。1996 年以来，榆林市人均 GDP 持续增长，由 1996 年的 1851 元增加到 2017 年的 97811 元。特别是 21 世纪以来，榆林市利用自身资源优势加大矿产资源开发力度，促进区域经济快速发展，显著提高人民生活水平，人均 GDP 年平均增加幅度达 4363 元；人均存款由 1996 年的 1037 元增加到 2017 年的 50300 元，年平均增幅达 2239 元；收入水平的提高进一步刺激了居民消费需求，很大程度上促进了社会消费水平，调查表明，1996—2017 年榆林市居民平均消费由 967 元大幅度增加到 17443 元。另外，随着国民生产总值和财政收入不断提高，榆林市加强对民生问题的关注，加大对社会保障性事业及科教文化事业的投资、支持力度。截至 2017 年，榆林市共有医疗卫生机构 4284 个，共有床位 24595 张；新型农村合作医疗 300. 14 万人，参合率高达 99. 51%；全市共有各级各类学校 1652 所，各级各类学校专任教师达 49776 人。居民可以享受义务教育、免费参加医疗的权利，促进社会事业统筹、协调发展。

从居民收支结构来看，1996 年以来，榆林市城乡收支结构差距逐渐扩大（见图 2-4、图 2-5）。1996—2017 年，榆林市农村居民人均可支配收入由 1996 年的 1041 元增长到 2017 年的 11534 元，城镇居民人均可支配收入由 1996 年的 2514 元增长到 2017 年的 32153 元；农村居民平均消费水平由 1996 年的 816 元增长到 2017 年的 11469 元，城镇居民平均消费水平则由 1996 年的 2089 元增长至 2017 年的 23082 元。2000 年以来，农村居民人均可支配收入与城镇居民人均可支配收入年平均增长分别为 616 元、1685 元；农村居民平均消费水平与城镇居民平均消费水平年平均增长幅度分别为 626 元、1169 元。说明榆林市在能源化工基地建设以来逐步走上了一条以能源开发为主导的工业化发展道路，特别是进入21世纪以后，在西部大开发战略的带动和影响下，工业化发展逐渐成熟，对能源的需求进一步加剧，因此榆林市北部能源资源丰富的地区与南部能源资源相对比较贫瘠的地区之间以及各县市城乡之间居民的收支情况和生活水平都存在明显差异。另外，近年来榆林市在能源开发过程中不断加大服务能源生产的城市基础设施建设力度，而对农村的投资、支持力度较弱，造成了城乡差距进一步扩大。

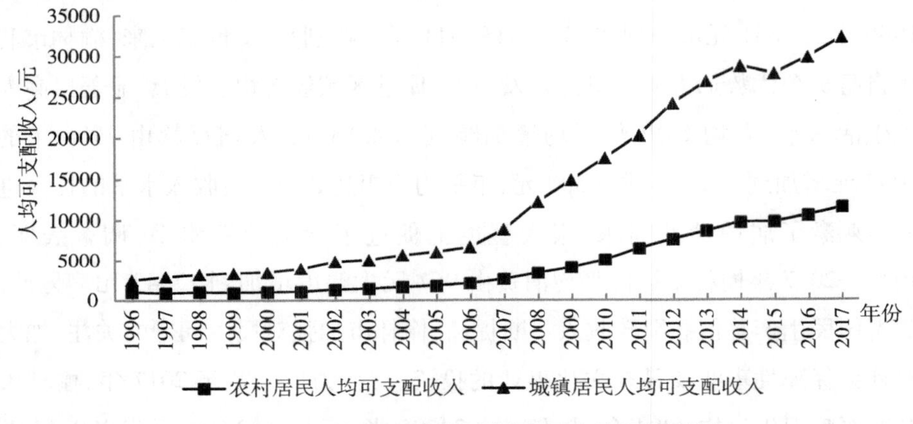

图 2-4　1996—2017 年榆林市城乡居民人均可支配收入

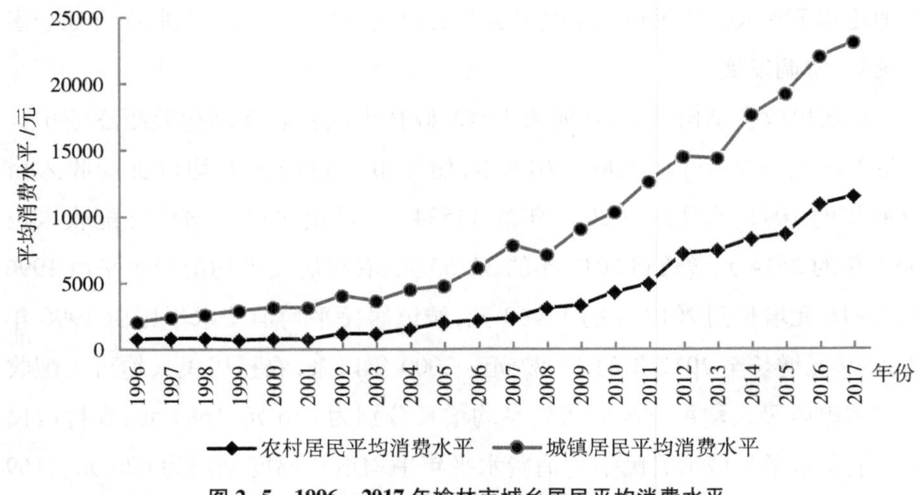

图 2-5　1996—2017 年榆林市城乡居民平均消费水平

第三节 能源开发及生态环境概况

一、能源开发利用概况

榆林市矿产资源丰富，目前已经发现40多种矿产资源，潜在价值（达40.6万亿元）在全省所占比重高达95%，在全国所占比重为30%左右，是煤炭、石油、天然气、岩盐等能源矿产资源富集地，蕴藏量分别占全省总量的86.2%、43.4%、99.9%和100%，名列前茅。其中煤炭的储量是最大的，位于榆林北部的神府煤田更是世界七大煤田之一。根据预测目前全市辖区煤炭含量达2714亿吨，含煤面积所占比重达54%，已经探明的煤炭有1660亿吨，以低变质煤、高变质煤和无烟煤为主，煤炭不仅储量巨大，而且煤层厚、煤质好、埋藏浅、易开采。以靖边为中心的天然气田预测储量达4.18万亿立方米，探明储量1.18万亿立方米，目前已经成为我国陆上探明最大的整装气田，石油主要分布在定边县、靖边县、子洲县和横山区，平均每平方公里地下蕴藏着1.4万吨石油；资源组合配置好，实属国内外罕见。榆林市不仅是国内少有的矿产资源富集区，也是我国西部地区开发煤炭资源较早的区域，从20世纪80年代开发神府煤田开始，已经有30多年历史。总体来说，先后主要经历了三个阶段：第一阶段是典型的乱开乱挖、“小打小闹”开采；第二阶段是“国家—集体—个人”一起上的大范围开发；第三阶段也是近年来在国家要求下采用高技术进行大规模的有序开发。通过对能源开发进行合理调整、规划、开发，榆林市能源资源开发利用速度不断加快、规模迅速扩大，形成了煤、电、气、化四大产业支柱全面发展的良好局面，呈现出强劲发展的势头。能源资源的开发，促进了榆林市经济社会的快速发展，全市经济实力和在全省的地位得到显著提高。

二、生态环境概况

榆林市以煤炭资源开发以及相关重工业产业作为经济发展的主导产业，

能源开发过程中产生的废弃物以及各种典型污染物对榆林市能源开发区水、大气以及土壤环境等生态环境造成严重的影响，使其原本就脆弱的生态环境系统进一步恶化（党秀明，2010）。

（一）大气污染严重

矿产资源开采和加工过程中难免会产生大量的污染物，对大气环境造成污染，影响空气质量（党秀明，2010）。自1996年以来，榆林市SO_2、NO_2排放量大体上都处于波动上升趋势，工业粉尘排放量则波动性较大。由于榆林市以重工业为主导的产业结构影响，1996—2008年，SO_2、NO_2及工业粉尘排放量分别由1.24×10^4t、0.97×10^4t、0.65×10^4t增加到11.01×10^4t、9.86×10^4t、7.62×10^4t。至2009年，工业粉尘排放量由7.62×10^4t大幅度下降到2.87×10^4t，达到低峰值；SO_2和NO_2排放量下降比较缓慢，分别由11.01×10^4t、9.86×10^4t降低至10.94×10^4t、7.93×10^4t；自2009年以来，SO_2、NO_2排放量均呈大幅度增加趋势，分别由10.94×10^4t、7.93×10^4t回升到2017年的15.81×10^4t、15.4×10^4t；工业粉尘排放量则由2.87×10^4t回升到13.91×10^4t（见图2-6）。说明国家针对重污染型工业制定相关政策及严格的污染物排放标准及榆林市对三废排放量的控制治理力度加强，有力地控制减缓污染物排放，使工业结构得以调整，但是整体的重污染型产业结构并未从根本上转型升级，这种变化趋势与榆

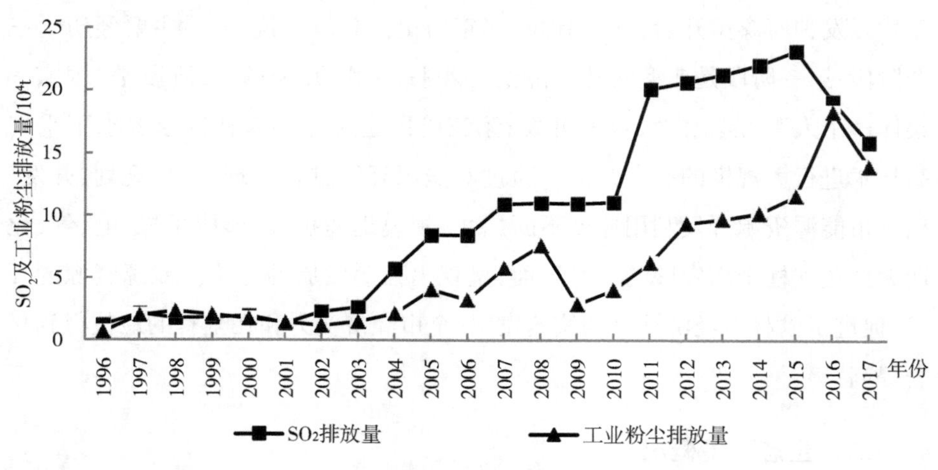

图2-6　1996—2017年榆林市SO_2和工业粉尘排放量变化

林市以重工业为主导的第二产业结构演变态势相对应。

（二）水环境破坏

榆林市对能源化工基地建设力度不断加强促使对资源开采规模不断扩大，过度开发及污染物质排放也对当地水资源造成了干扰和影响，包括地下水位下降、地表断流、用水功能性障碍等；另外，能源开发和加工利用过程中产生的污染物排放成为影响水环境的重要影响因素之一。随着社会进步、对能源的开发以及重工业的发展，榆林市自 1996 年以来废水排放量由 1996 年的 $1477 \times 10^4 t$ 增加到 2017 年的 $6254.68 \times 10^4 t$，年平均增长达到 $217.17 \times 10^4 t$。典型污染物 COD 排放量则呈现波动上升趋势。

1996—2007 年，COD 排放量一直呈现出波动上升趋势，由 $0.86 \times 10^4 t$ 增加到 $3.82 \times 10^4 t$，平均年增长量高达 $0.27 \times 10^4 t$，达到第一个高峰值。说明 1998 年陕北国家能源重化工基地建设以来榆林市大力开发煤炭资源、发展高污染的重化工业，导致典型污染物排放加重，对水环境造成严重影响；2008 年，COD 排放量由 $3.82 \times 10^4 t$ 大幅度减少到 $2.45 \times 10^4 t$，达到这一阶段的最低峰值，略有回升至 2009 年后呈稳定下降趋势，这是由于当时对产业结构的调整以及对污染物排放限制和治理所形成的。

（三）土壤环境破坏严重

榆林能源化工基地对能源资源的开采使得采空塌陷面积与日俱增，改变了原有地貌，原有景观也遭到破坏。随着社会进步、经济发展及科学技术水平不断提高，榆林市生活垃圾无害化处理率一直处于大幅度增长的趋势，由 1996 年的 36.8%增长到 2015 年的 97.45%，另外，榆林市工业固体废弃物排放量自 1996—2015 年以来波动变化较大，各阶段变化情况如图 2-7 所示。

1996—2000 年，榆林市工业固体废弃物排放量由 $0.32 \times 10^4 t$ 快速增加到 $27.65 \times 10^4 t$，平均年增加量 $6.83 \times 10^4 t$；至 2001 年，工业固体废弃物排放量又逐渐下降至 $14.64 \times 10^4 t$，达到低峰值。

2002—2007 年，工业固体废弃物排放量大幅度回升，由 $14.64 \times 10^4 t$ 持续增加并于 2007 年达到高峰值 $31.03 \times 10^4 t$。

2007 年以后，榆林市工业固体废弃物排放量趋于平稳且波动下降，至

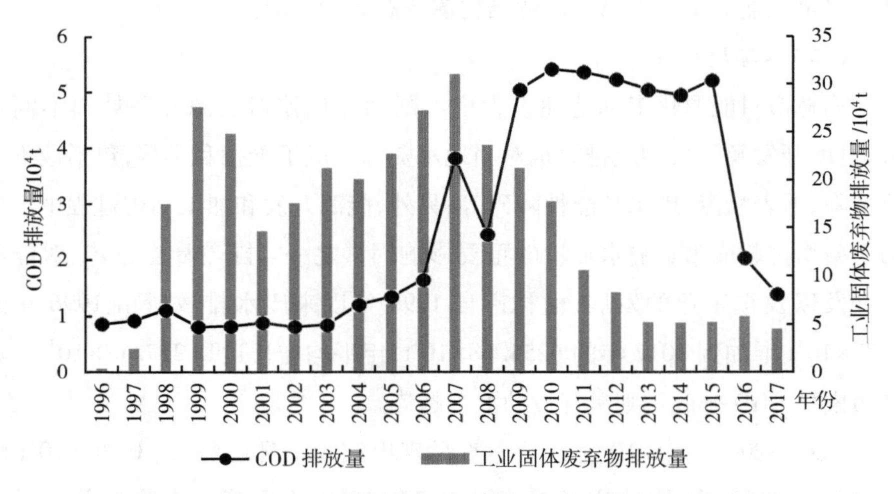

图 2-7　1996—2017 年榆林市 COD 和工业固体废弃物排放量变化

2017 年已经控制在 4.96×10^4t 左右，反映出自 1998 年陕北能源重化工基地建设及西部大开发战略实施以来，我国经济迅速发展，对能源资源需求增加，促进能源生产规模进一步扩张，引起工业固体废弃物排放量持续增长。

第四节　生态补偿概况

我国早在 1986 年便出台了国内首部有关生态补偿机制研究的法规《中华人民共和国矿产资源法》（以下简称《矿产资源法》），其中第五条规定“国家实行探矿权、采矿权有偿取得的制度……开采矿产资源，必须按照国家有关规定缴纳资源税和资源补偿费”。此后，又陆续制定了一些关于生态补偿的政策法规：1992 年颁布《关于出席联合国环境与发展大会的情况及有关对策的报告》，其主要内容是应该以资源有偿使用为宗旨，通过有步骤地征收资源补偿税这种经济手段来保护生态环境。1994 年国家出台《矿产资源补偿费征收管理规定》，并在此基础上确定了《矿产资源法》中有偿开采原则，此后我国矿产资源有偿开采制度正式开始其征程。1998 年在国务院颁布的《矿产资源勘查区块登记管理办法》中第一次提出探矿权、采矿权使用费、探矿权价款这些名词;2005 年颁布的《国务院关于落实科学发展观加强环境保护的决定》中第一次提出在国家和地方运用财政转移支付方式进行试点工作,规定要建立健全生态补偿机制并制定了有关生态补偿的政策措施;2005 年 8 月发布的《国务院关于全面整顿和规范矿产资源开发秩序的通知》中强调应该建立健全矿山生态环境恢复机制;2006 年制定出台《中华人民共和国国民经济和社会发展第十一个五年规划纲要》,首次提出在遵循“谁开发谁保护,谁受益谁补偿”原则基础上不断建立完善生态补偿机制;2007 年,国家环保总局在出台的《关于开展生态补偿试点工作的指导意见》中首次提出在不同区域进行试点工作。这一系列制度演进说明我国在矿产资源生态补偿方面理念不断更新、制度不断完善健全、实践经验不断丰富,符合国家绿色生态及可持续发展理念。

国家在 1993 年对内蒙古包头和陕西省、山西省接壤区能源化工基地实施生态补偿措施,规定每吨煤收 0. 45 元的生态恢复资金并计入生产成本,以此来促进修复矿区周围生态环境(李颖超,2013)。1997 年陕西省制定出台《陕西榆林、铜川地区征收生态环境补偿费管理办法》,规定对本区域从事矿产资源开发、加工或运输矿产产品的个人及单位按月缴纳生态环境补偿费,并制定了具体生态环境补偿费用征收标准。此后,随着能源开发产生一系列生态环境问题,各界对生态补偿越来越关注,榆林市也先后出台落实了相关生态补偿规定及具体措施。从生态补偿主体来看,目前涉及矿区所有者、矿区使用者、政府、矿区居民;从生态补偿实施范围来看,主要包括环境污染治理、地表塌陷整治、农作物赔偿和矿区居民拆迁补偿(李颖超,2013);2007 年,陕西省修订了《陕西省煤炭石油天然气开发环境保护管理条例》,专门规定煤炭开采单位应该缴纳生态环境治理保证金,并提出该资金应该专款专用。从补偿标准来看,各地区按照能源开发及生计现状,结合当地实际情况制定出台了相应的补偿标准;陕西省物价局、财政厅在 1994 年联合颁布《陕西省水土流失补偿费、防治费计征标准和使用管理规定》,规定水土流失费具体按 0. 2—0. 5 元/平方米的标准征收(李颖超,2013);2007 年陕西省府谷县制定发布《府谷县煤炭采空区塌陷恢复治理搬迁补偿标准暂行规定》,规定生态补偿标准为 1—3 元/吨;2009 年陕西省制定颁布《陕西省煤炭石油天然气资源开采水土流失补偿费征收使用管理办法》,该办法按不同开发区实际情况制定了相应的水土流失补偿费计征标准,规定各地区必须按照"统一标准,分级管理,专款专用"的原则和"统一账户,属地征缴,按比分成"的办法征收、分配及管理。目前陕北的矿产资源税费标准为3.2元/吨,矿产资源补偿费按销售额的1.1%,采矿权使用费为1000元/平方千米。从补偿方式来看,研究区目前的生态补偿方式主要是以经济补偿为主;2011年神木县政府制定发布了《神木县采煤塌陷损害补偿和安置办法》,规定煤炭开发企业应该对开采区内塌陷受损的耕地进行逐年补偿,补偿年限以20年计算。近年来,榆林市大力实施生态补偿工程,通过成立环境保护监督组织,建立矿产开发污水处理站、生活污水处理站进行植树造林等措施以改善土地沙漠化,对生态环境进行治理,取得了较好的成效。

榆林市地处陕甘宁蒙晋五省区交界之处,承接东南西北,属于中西部交接地带。便捷的交通使其区位优势明显,随着1998年陕北国家能源重化工基地建设以榆林市作为陕甘宁蒙能源"金三角"的核心地带,榆林已经成为能源开发的主战场。榆林市产业结构急需转型升级,应该加强相关政策指导、促进产业内外结构调整、提升科技发展水平、提高资源利用效率,合理布局调整能源化工产业,走新型工业化道路。榆林市以煤炭资源开发以及相关重工业产业作为经济发展的主导产业,能源开发过程中产生的废弃物以及各种典型污染物对榆林市能源开发区水、大气以及土壤环境等生态环境造成严重的影响,使其原本就脆弱的生态环境系统进一步恶化。从补偿标准来看,各地区按照能源开发及生计现状,结合当地实际情况制定出台了相应的补偿标准。

第三章　能源开发区农户可持续生计分析

可持续生计框架作为一种逻辑思维工具,可应用于农户生计,评估政策实施效果。作为一种方法,可持续生计框架在具体应用中,根据不同的情况进行适当修改,使之与实际结合符合当前需求(唐轲,2013)。本次研究中,主要借鉴英国国际发展署(DFID)Ashley 和 Eamey 建立的可持续生计框架。在 DFID 可持续生计框架中,以脆弱性背景为前提,组织结构、政策制度及其转变过程影响农户的资产状况,资产状况反过来影响农户应对前者的能力,决定了农户的生计策略,即配置与使用资产的方式,最终满足生计可持续目标(谢旭轩等,2010)。

在煤炭资源富集地区,煤炭开发作为当地的主要经济活动,影响着农户的可持续生计。借鉴 DFID 可持续生计模型,结合实际情况,分析煤炭开发对农户生计的影响,建立煤炭开发区农户可持续生计框架。在研究区域,煤炭开发使农户生计资本发生了变化,生计资本的不同决定其生计策略也发生相应的变化,从而导致生计结果改变。

第一节　农户可持续生计评估体系

一、生计资本评价指标体系

农户个人或家庭生计资本不仅是选择和采取随机生计活动、生计策略的基础,也是农户抵御生计风险、应对生计脆弱性的重要保障。生计资本处于可持续生计框架的核心位置,农户资产状况是家庭拥有的选择机会、采用的生计策略和所处风险环境的基础(赵雪雁等,2013)。农户生计资本包括自然资本、物质资本、人力资本、金融资本和社会资本五个部分,能够精准明确地描述反映农户的生计能力(许汉石等,2012;苏芳等,2009)。参照相关学者的研究,根据神木市的实际情况,对指标进行适当调整,设计适用于当地的农户生计资本指标及量化值(陈卓等,2014;赵立娟,2014)。

(一)自然资本

自然资本是指有利于生计的自然资源存量和相关环境服务,总体来说可以分为无形的公共资本和有形的可以直接用于生产生活的资本(如土地、树木等)及生态服务(赵雪雁等,2011)。在可持续生计框架中,与生计脆弱性背景密切相关,因为在某种程度上,很多影响干扰农户生计的冲击本身就是削弱减少自然资本的过程(例如土壤退化、水土流失、地震灾害等)(王立安等,2012)。

在神木市,农户的自然资本主要体现为农户所拥有的土地资源。当地属农牧交错带,林业、苗木产业发达。因此本章选取农户人均耕地面积、人均林地面积、农作物类型、耕地质量作为对农户自然资本的测量。耕地质量用农户当年的人均玉米亩产量表示。

(二)物质资本

在经济学领域,物质资本,通常指机器、厂房、设备等长期存在的用于维持生计、提高生产力的生产物化资本。对于农户而言,其牲畜、住宅和家庭耐用消费品在家庭面临风险的时候也可以作为一种抵押品,是一种潜在的物质资本(黎洁等,2009),本章将这些都归为物质资本。结合实际情况,采用家庭牲畜数、家庭耐用品数、住房条件(包括面积、类型、使用年限)、交通工具等来测量物质资本。对于农户而言,生产性固定资产投资直接反映了其用于生产的物化资本;牲畜、家庭住宅和耐用消费品在家庭遭遇风险时也可以成为抵押品,是一种潜在的物质资本,能够代表家庭抵御生计风险的能力(张丽,2012)。

参照赵雪雁(2011)、蒙吉军(2013)等学者的研究,结合实际情况,家庭牲畜数量指标具体赋值：骡或牛为1.0，猪为0.6，羊为0.4，鸡为0.1。家庭耐用消费品包括：手机、空调、冰箱、洗衣机、电脑、热水器、组合家具、抽水机、打米机。房屋类型具体赋值：楼房为1.0，砖瓦房为0.6，平房和窑洞为0.4。交通工具：私家车为1.0，农用车为0.4，班车为0.1。

（三）人力资本指标

人力资本指人们为了满足不同生计需要，选择不同生计策略以及实现相应生计目标而拥有的知识、劳动能力、技术水平等，人力资本的数量和质量在很大程度上影响农户对生计策略的选择和可持续生计结果的实现（张丽，2012）。在农户家庭中人力资本主要体现为人力资源禀赋（唐轲，2013），即农户拥有劳动力的数量和质量决定其运用其他资本的能力。从家庭层面来看，家庭劳动力数量、家庭劳动力质量、男性劳动力情况等因素对人力资本水平起决定性作用。户主作为家庭的主要劳动力，其受教育程度很大程度上影响着家庭生计活动的选择（王小鹏等，2011）。考虑煤炭开发区男性劳动力与女性劳动力相比更为重要，所以采用户主年龄、户主受教育程度、家庭劳动力数、男性劳动力数及外出务工人数比重、健康状况、劳动力从事行业数及参加培训次数等指标衡量人力资本。

受教育程度分为文盲、小学、初中、高中或中专、大专及以上5个层次，按照受教育年限，将文盲赋值为2，小学学历为5，初中学历为8，高中或中专学历为12，大专及以上学历为15（王利平等，2012）。健康状况指标是家庭医疗支出占总支出的比重。劳动力从事行业数为所有劳动力从事行业总数。

（四）金融资本

金融资本是指人们在消费和生产过程中为了实现自己的生计目标需要积累与流动的金融资源，本书主要指购买生产和消费物品的金钱，还包括可获得的贷款和个人借款等，除此之外其他实物也可以起到和金钱一样的累计与交换流通作用（许汉石等，2012；苏芳等，2009）。金融资本的转换性最强，可直接转换为生计成果，比如用现金购买食物，提高了食物安全性，是农户生计系统正常运转的助推器。根据农户金融资本来源现状，主要采取农户自身的现金收入、获得贷款的机会、获得无偿借款的机会三个指标来衡量研究区金融资本。其中,农户获得贷款的机会指农户在过去5年内是否获得过贷款机会,有赋值为1,没有赋值为0;获得无偿借款的机会指农户在过去5年内收到的无偿现金援助,有赋值为1,没有赋值为0。

(五)社会资本

在可持续生计背景下,社会资本是五种生计资本中与外部组织机构和程序规则联系最为密切的,是指人们为了实现不同生计目标所利用的社会网络资源(赵雪雁等,2011)。社会资本可以增强人们相互之间的信任度与合作能力(王利平等,2012),促进其他机构对人们需求给予更及时的反映,有利于提高农户抵御市场及自然风险的能力,在农户可持续生计中起重要作用(苏芳等,2009)。家庭成员中有无政府成员影响着家庭社会地位,与亲朋好友关系及社交支出影响家庭人脉发展,交通是否通达在一定程度上影响能源开发区社会经济发展。参与保险活动在抵御市场及自然风险中有着重要作用。家庭中有无政府成员影响着社会地位,社交网络支出以及与亲戚朋友是否融洽关系到人脉合作。南部地区属丘陵沟壑地带,经济发展较为滞后,对外联系困难,所在村域距县城的距离一定程度上影响农户人际交往程度。因此,本章采用领导潜力、社会关系、交通便利度、社会网络支出比例、参加失业保险比例等反映农户的社会资本状况。

领导潜力指家庭有无政府成员或事业单位员工,如果有赋值为1,没有赋值为0。社会关系是农户与亲朋好友的关系状况,分为5个层次,关系最好赋值为5,关系不好则赋值为1。交通便利度表示与最近县城的距离,给各个农户与最近县城的距离进行赋值,25公里以上的村的农户赋值为25,20—25公里的赋值为20,10—20公里的赋值为15,5—10公里的赋值为8,2—5公里的赋值为3,2公里以下的赋值为1。参加失业保险比例指家庭里参加各类保险人数占总人数的比例。具体变量见表3-1。

表 3-1　生计资本评估体系

指　标	变　量
自然资本	人均耕地面积/亩
	人均林地面积/亩
	农作物类型
	耕地质量/斤
物质资本	牲畜数量/只
	耐用消费品数/个
	房屋面积/m^2
	房屋类型
	房屋使用年限/年
	交通工具
人力资本	户主年龄/年
	户主受教育程度
	家庭劳动力数/人
	男性劳动力数/人
	健康状况
	劳动力从事行业数
	外出务工人数比重/%
	参加培训次数
金融资本	人均现金收入/元
	获得贷款的机会
	获得无偿借款的机会
社会资本	领导潜力
	社会关系
	靠亲友找工作
	交通便利度
	社会网络支出比例/%
	参加失业保险比例/%

二、农户生计策略评价体系

生计策略是通过在不同的生计资产状况下，人们选择不同的生计活动来实现的。农户的生计策略在一定程度上决定其生产和消费行为，进而决定其收入来源和消费状况（张克云等，2010）。通过分析农户的收入状况和消费状况来分析农户的生计策略，用生计多样性指数及生计非农化指数来反映农户的生计多样性，具体变量见表3-2。

表3-2　生计策略评估体系

指　标	变　量
收入状况	种植业收入/元
	畜牧业收入/元
	务工收入/元
	经营性收入/元
	转移性收入/元
	家庭总收入/元
	人均收入/元
支出状况	生活支出/元
	生产支出/元
	建房装修支出/元
	教育支出/元
	医疗支出/元
	社会交往支出/元
	人均支出/元
生计多样性指数	农户从事生计活动种类
生计非农化指数	家庭非农业收入占总收入比重/%

农户收入主要指纯收入，具体包括种植业收入、畜牧业收入、务工收入、经营性收入及转移性收入。种植业收入指农户种植玉米、土豆等农作物所得收

入;畜牧业收入指农户养殖猪、羊、鸡等的收入;务工收入指农民外出务工所得的工资收入;经营性收入指农户以家庭为生产经营单位进行生产筹划和管理而获得的收入,如交通运输、机械修理、开商店等的收入;转移性收入指农户从政府、企业或个人得到的各种补贴及捐赠,包括煤炭资源开采后农民获得的能源补贴、种地补贴、退耕还林补贴、低保、养老补贴及亲友赠款等收入。农户支出主要包括生活支出、生产支出、建房装修支出、教育支出、医疗支出、社会交往支出六方面。生活支出包括食物、服装、交通、日用品等各项生活支出;生产支出包括化肥、种子、牲畜、生产工具、燃油费等;建房装修支出指农户建造、装修、维护房屋等支出;教育支出指子女上学的总花费,包括学费、生活费、房租等;医疗支出是家庭成员在看病买药时扣除报销部分剩余的总费用;社会交往支出指用于人情交往的各项费用。

三、权重确定及数据无量纲化方法

首先对原始调查数据进行标准化处理,然后采用熵值法(何仁伟,2014),根据各指标信息的效用价值来确定其权重,最后,构建加权平均模型对煤炭开发区农户各项生计资本进行评价。

熵值法的原理:在信息论中,熵是对不确定性的一种度量。信息量越大,不确定性就越小,熵也就越小;信息量越小,不确定性越大,熵也就越大。根据熵的特性,可以通过计算熵值来判断一个事件的随机性及无序程度,也可以利用熵值来判断某个指标的离散程度,指标的离散程度越大,熵越小,该指标的权重越大,其对综合评价的影响也就越大(何仁伟,2014)。

基于熵值法的权重确定及数据处理步骤如下:

第一步,数据标准化处理。

设有 n 个评价指标 X_1、X_2、X_3、…、X_n,已有 m 个参评对象的原始数据矩阵为 X_{ij}($i=1$、2、…、m,$j=1$、2、…、n)。正向指标“优”是最大值,逆向指标“优”是最小值,分别采用式(3-1)、式(3-2)对正向指标和逆向指标进行标准化。

$$X'_{ij}=\frac{X_{ij}-\bar{X}_j}{S} \tag{3-1}$$

$$X'_{ij} = \frac{\bar{X}_j - X_{ij}}{S} \tag{3-2}$$

一般的，X'_{ij} 的范围在-5 到 5 之间，为消除负值。可将坐标平移，令

$$P_{ij} = X'_{ij} + 5 \tag{3-3}$$

第二步，数据同度量化。

第 j 项指标下第 i 个待评对象的指标值的比重 d_{ij}：

$$d_{ij} = \frac{P_{ij}}{\sum_{i=1}^{m} P_{ij}} \tag{3-4}$$

第三步，熵值。

第 j 项指标的熵值 e_j：

$$e_j = -k\sum_{i=1}^{m} d_{ij} \cdot \ln d_{ij} \quad j = 1,2,\cdots,n \tag{3-5}$$

其中，$k>0$，$e_j \geqslant 0$。如果 X_{ij} 对于给定的 j 全部相等，那么 $d_{ij} = \frac{1}{m}$，此时 e_j 取极大值，即 $e_j = k\ln m$，若设 $k = \frac{1}{\ln m}$，于是 $0 \leqslant e_j \leqslant 1$。

第四步，差异系数。

第 j 项指标的差异系数 g_j：

$$g_j = 1 - e_j \tag{3-6}$$

对于给定的 j，X_{ij} 的差异性 g_j 越小，则 e_j 越大；当 X_{ij} 全部相等时，$e_j = e_{\max} = 1$，此时关于各评价对象的比较，指标 X_j 毫无作用；当评价对象的指标值相差越大时，e_j 越小，g_j 越大，该指标对评价对象的比较作用越重要。

第五步，定义各指标权重 a_{ij}。

$$a_{ij} = \frac{g_j}{\sum_{j=1}^{n} g_j} \quad j = 1,2,\cdots,n \tag{3-7}$$

第六步，各项生计资本指数 LC

$$\mathrm{LC} = \sum_{j=1}^{n} a_j P_{ij} \quad i = 1,2,\cdots,m \tag{3-8}$$

第二节　矿业发展与农民生计变迁

一、矿业发展

神府东胜煤田成煤于一亿四千万年前的侏罗纪,煤田面积为31172平方千米,探明储量2300亿吨,占全国探明储量的30%以上,是世界最大的煤田。神木市地处陕甘宁蒙能源“金三角”中心、神府煤田腹地,是煤田的主要所在地。已探明储量500多亿吨,且煤质优良,埋藏浅,易开采。储煤范围包括大柳塔、孙家岔、店塔、麻家塔、中鸡、尔林兔、锦界、大保当、神木、解家堡、高家堡等11个乡镇(办事处),占全市总面积的59%。

改革开放以前,神木市地下资源还未开发,主要以农业生产为主。1982年,陕西省煤田地质勘探公司185队提供的《陕北侏罗纪煤田榆神府勘探区普查找煤地质报告》指出:在陕西省北部、内蒙古自治区南部以神木市为中心的13000平方千米范围内,蕴藏着1700亿吨优质“原生精煤”,其中的侏罗纪煤田,以神木市北部的店塔为中心,延伸到府谷、榆林境内,总面积7890平方千米,储量877.28亿吨,是陕北、蒙南侏罗纪、石炭二叠纪煤田的核心部分。

1986年6月3日,国务院关于加快发展煤炭工业的会议决定神府煤田由前期准备转入立即开发,从此拉开了神府煤田大规模开发的序幕,当地工业快速发展,资本成倍集聚。直到1992年,我国市场经济制度确立,各行各业迅猛发展,煤炭作为工业粮食,发展态势不容忽视。

1998年,国家能源重化工基地重要组成部分在神木市落地,能源开发力度进一步加大,1998年工业总产值为14.42亿元,是全市总产值的28.33%,其中重工业比例达工业总产值的88%。进入21世纪以后,我国加入世贸组织,能源市场受国际影响,价格持续攀升,市场空前繁荣。

2008年,煤炭市场经历了巅峰到低谷的骤变。前半年市场供需不平衡,价格持续攀升,两道限价令都未能阻止煤炭价格的上涨。但9月份以后,美国次贷危机波及全球,金融市场持续动荡,世界经济发展受阻,国际能源产品价格持续下滑,国际石油、天然气价格持续下跌,煤炭销量受到直接影响,煤炭需求量下降,价格下跌。受国际市场影响,国内经济增长趋势放缓,国内主要耗煤行业需求有所减少,煤炭需求度减弱,煤炭相关产业产品产量下降。近年来,神木市对煤矿安全的整治力度不断加大,煤炭整合与小煤矿联合改造工作推进顺利,不符合安全生产条件的小煤矿几乎全部被关闭淘汰,一大批安全高效的现代化煤矿陆续建成,形成煤矿数量减少、煤炭产量提高的态势,煤炭行业生产供应能力持续提高。年底随着冬季用煤量增加,煤炭价格有所上升,工业逐渐回暖,经济在金融危机中逐渐恢复。

2012 年,中国经济出现疲软态势,煤炭供应充足,需求不振,市场疲软,进口煤炭大幅挤占了国内煤炭企业的市场空间,煤炭价格出现下滑拐点。神木市煤炭行业产能过剩,产业结构亟须转型,生态环保问题突出,中小煤企陷入亏损甚至破产的境地;大型煤企大面积停产,当地矿业经济进入转型整合期。至今,神木市煤炭行业对工业增长的拉动作用持续减弱,需加快产业转型,补全产业链,降低对外依存度,由单一的采矿业逐步转向循环型新型能源化工产业。

二、农民生计资本变化分析

(一)自然资本变化情况

煤炭业的发展对当地农村的自然环境有很大影响(王琦,2012)。自 1986 年以来,开采煤炭活动导致农民大量耕地被侵占,土地塌陷。同时采煤破坏了当地的地下水结构,水源渗漏(任幼娴,2014),大量的水田变为旱地,使得农作物产量减少,种植结构单一。矿场倾倒废渣、废水,导致河水浑浊,饮用水受到污染威胁(谢旭轩等,2010)。

(二)物质资本变化情况

煤炭开发不仅带动了当地基础设施建设,而且提高了农民家庭收入。家庭耐用消费品数量种类增加,房屋翻新或进镇、进城购买楼房,农民生活条件极大改善。大部分农户家庭交通工具由原来的驴车、班车改为小汽车。由于矿业需要,部分农户购置了卡车、装卸机等,用于承运或租赁。

（三）人力资本变化情况

随着矿业发展，农民不仅掌握了采矿相关知识，与之相关的各种服务业，如运输、机械修理、建筑等相继兴起，农村劳动力有机会受到培训，在当地实现就业。外出务工减少、外来人员增加，从而促进当地农村发展。另外，2008 年以前，神木市中小型煤矿、私人煤矿较多，安全生产系数低，矿工安全得不到保障。矿体塌方时有发生，矿工伤亡事件频发。2008 年以后，国家不断加大煤矿安全整治力度，建设了大型现代化煤矿，煤矿职工安全大大提高。

（四）金融资本变化情况

煤炭开发带来了就业机会，使农民得以从事更高收益的工作，家庭收入增加。煤炭开发前，农民以务农为主，外出务工人数较少。煤炭开发后，农民不仅可以直接在本地就业，而且还享有煤炭开发占用土地的资金补贴。农民的金融资本迅速丰富起来后，又投资到当地煤矿、房地产、民营借贷公司等行业。伴随着煤炭行业的发展巅峰，当地各行各业实现跨越式发展，农民金融资产越积越多。2012 年以后，煤炭行业产值直线下滑，房地产市场疲软，民间借贷资金链断裂，农民投资近血本无归，其金融资本迅速缩水。

（五）社会资本变化情况

矿业发展使当地财政收入增加，财政支出多用于民生方面，全市免费医疗、免费教育、免费保险。围绕煤矿及相关产业的发展，具有经济属性的新的社会关系网络正在形成，社会交往支出占家庭总支出的比例逐步加大，有的家庭甚至超过 40%。民间借贷业的兴起，金融融资使农民与亲戚朋友的关系更加紧密。然而，由于民间借贷业崩溃，也导致两者之间经济纠纷与官司频发。

第三节　能源开发区不同类型农户生计状况分析

一、农户类型划分

根据农户不同的收入水平，结合研究区特征，将农户人均纯收入分为三个层次:5000 元以下,5000—15000 元,15000 元及以上。因此,将农户划分为低收入型、中收入型和高收入型三类。

根据农户的家庭收入来源、从事行业,将农户分为纯农户、兼业农户和非农业户三类。纯农户指家庭非农收入不超过总收入 10%的农户。兼业农户又分为农业兼业户和非农业兼业户。农业兼业户家庭收入中,农业收入超过非农业收入,非农业兼业户正好相反。非农业户指家庭生计中从事农业活动的收入比重在 10%以下。

二、农户生计资本分析

神木市不同类型农户生计资本统计如表 3-3 所示。

表 3-3　不同类型农户生计资本比较

资本类型	指　标	权　重	北部农户	南部农户
自然资本	人均耕地面积	0. 0259	0. 0055	0. 1062
	人均林地面积	0. 0251	0. 0151	0. 0251
	农作物类型	0. 0261	0. 0076	0. 0358
	耕地质量	0. 0249	0. 0109	0. 0270
	小计	0. 1020	0. 0391	0. 1941
物质资本	牲畜数量	0. 0260	0. 0116	0. 0397
	耐用消费品数	0. 0453	0. 0259	0. 0216
	房屋面积	0. 0257	0. 0156	0. 0124
	房屋类型	0. 0261	0. 0209	0. 0115
	房屋使用年限	0. 0270	0. 0162	0. 0103
	交通工具	0. 0361	0. 0296	0. 0156
	小计	0. 1862	0. 1198	0. 1111

续表

资本类型	指　标	权　重	北部农户	南部农户
人力资本	户主年龄	0.0263	0.0240	0.0158
	户主受教育程度	0.0359	0.0277	0.0177
	家庭劳动力数	0.0352	0.0178	0.0137
	男性劳动力数	0.0346	0.0158	0.0127
	健康状况	0.0261	0.0128	0.0185
	劳动力从事行业数	0.0260	0.0207	0.0186
	外出务工人数比重	0.0347	0.0090	0.0244
	参加培训次数	0.0261	0.0157	0.0154
	小计	0.2449	0.1435	0.1368
金融资本	人均现金收入	0.1362	0.3961	0.2754
	获得贷款的机会	0.0550	0.2107	0.0124
	获得无偿借款的机会	0.0459	0.1579	0.0256
	小计	0.2371	0.7647	0.3134
社会资本	领导潜力	0.0462	0.1550	0.1558
	社会关系	0.0428	0.0149	0.0349
	靠亲友找工作	0.0257	0.0216	0.0122
	交通便利度	0.0447	0.0196	0.0157
	社会网络支出比例	0.0440	0.0260	0.0216
	参加失业保险比例	0.0263	0.0156	0.0072
	小计	0.2297	0.2527	0.2474
生计资本合计		1.0000	1.3197	1.0025

采用聚类分析方法，各乡镇农户生计资本结果见图 3-1。神木市北部地区农户生计资本为 1.3197，高于南部农户的 1.0025。北部地区自然环境恶劣，生态脆弱，自然资本不及南部地区。但经济发达，基础设施完善，交通便利，农户生计活动多样，生活水平较高，其物质资本、人力资本、金融资本、社会资本均高于南部农户。

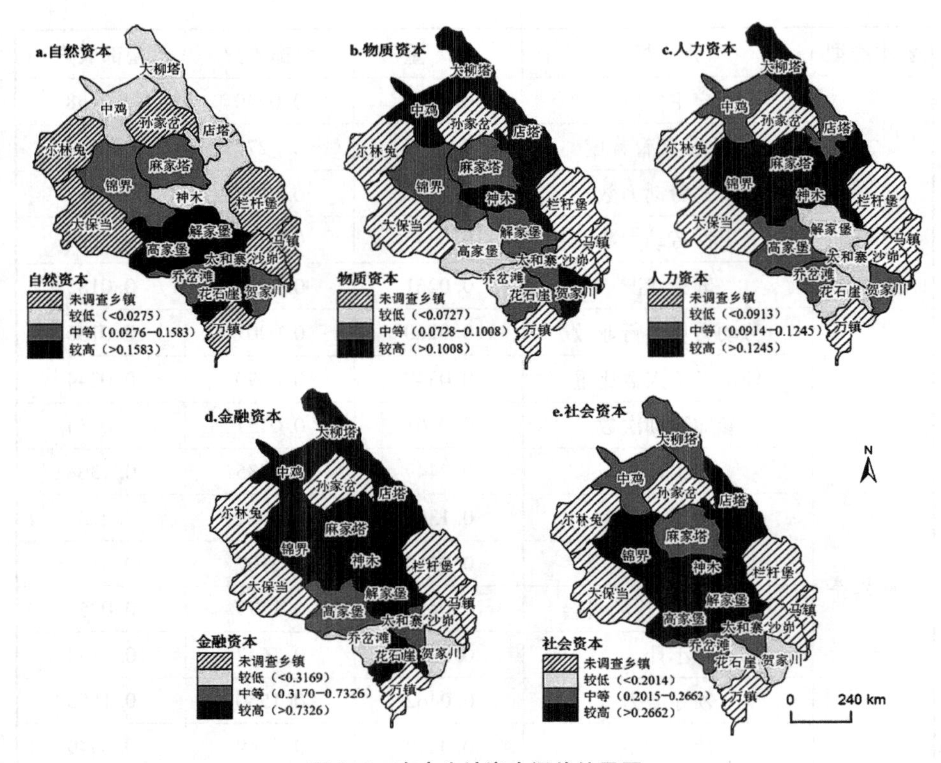

图 3–1　农户生计资本评价结果图

自然资本方面，北部农户受煤炭资源开发影响，矿区地下水位下降，水田变成了旱地，亩产减少，甚至出现土地大面积塌陷情况。加之煤矿征地，人均耕地面积仅剩 1.5 亩，多种植玉米、土豆供给家庭生活使用。有部分农户为了获得更多的收益，承包荒山种植树木，主要位于锦界和麻家塔，其自然资本高于其他北部地区（见图 3–1）。南部自然环境未受到破坏，农户种植红枣、红小豆、芝麻、松树苗等多种经济作物增加收入，自然资本高于北部。有些地区（如乔岔滩）多老年人，丧失劳动力，农业活动较少，自然资本略低。

物质资本方面，北部农户为 0.1198，南部农户为 0.1111。由于煤炭开发影响，北部矿区大部分农户房屋多倒塌、地表出现裂缝。例如大柳塔镇丁家渠村于 2009 年开始进行整村搬迁，现在均居住于新建的移民楼里，形成了新的移民村。北部农户生活质量高，户户有空调、电脑、热水器、汽车等家庭耐用消费品。南部农户房屋大部分是窑洞，使用年限较长，耐用消费品主要有冰箱、洗衣机，几乎每家每户都会养殖猪、羊、鸡等牲畜。在北部锦界、麻家塔和南部的解家堡，养殖产业逐渐形成规模。

人力资本方面，户主的年龄及受教育程度成为北部农户的主要影响因子，家庭外出务工比重及所从事行业则显著影响南部农户的人力资本。北部农户家庭劳动力多在当地就业，从事煤炭相关产业。户主的年龄越大，经验越丰富；文化程度越高，对收集信息的能力，接受、采用新技术的可能性，以及产业转型的接受度越大，这对家庭以及自主产业的决策有很重要的影响。南部经济落后，留守在家的老人多靠种植、养殖维持生计，劳动力多外出务工以增加收入，从事行业多样。贺家川、高家堡、乔岔滩外出务工人数较多，比其他南部地区人力资本较高。

金融资本方面，北部农户人均收入在 16000 元左右，南部农户仅 10000 元。北部农户收入的主要来源不仅有煤炭补助、分红、污染费等，还包括经营洗煤厂、运输、修理等相关煤炭服务业的收入。因此，贷款相对容易，当需要大笔资金时，北部农户多选择贷款方式，而不是向其他人借款。南部农户则刚好相反，其种植业及牧业规模较小，劳动力多为务工人员，资金保障弱，贷款难，如有需要多向亲朋好友借钱。南部农户金融资本的差异主要是由于家庭外出务工人数多寡及从事行业的不同导致的。

社会资本方面，整体上北部农户比南部略高。社会关系方面，南部高于北部。因为在前几年民间借贷业兴盛时期，农户通过亲友进行投资，随着民间借贷的衰落，集资人出逃，农户血本无归。特别是在北部地区，农户投资额较大，与亲友的关系随之有所疏远，南部农户投资较小，与亲友基本不存在经济纠纷，关系融洽。其他方面，北部均高于南部。而乡镇到县城的距离，直接影响交通便利度；社会交往支出从侧面反映了人际关系的好坏，这两者造成了南部农户社会资本的不同。

三、农户生计策略分析

调查结果显示，神木市经济发达，农民收入较高。其中，低收入农户仅占 21.65%，中收入农户比重为 37.63%，高收入农户比例最大，为 40.72%。低收入、中收入、高收入农户在各乡镇所占比重差距显著。在中鸡,农户的收入来源不仅包括高额的征地补偿费用,还包括煤矿每年的分红等,近 89%的农民年均收入在 15000 元以上。乔岔滩的农户只靠务农和政府的各项补贴来维持生计,收入普遍较低,高收入农户基本没有。

从表 3-4 看出,神木市纯农户比重最小,只有 6.19%,兼业户比重占 42.78%,其中,非农业兼业户比例比农业兼业户多 8.76%,非农业户占所有农户的一半。结果表明,神木市非农经济即第二、三产业发达,农户兼业行为普遍,其收入来源主要为非农业活动。

表 3-4　农户类型基本情况　　（单位:%）

乡镇	收入水平比例			收入来源比例			
	低收入	中收入	高收入	纯农户	农业兼业户	非农业兼业户	非农业户
大柳塔	15.00	40.00	45.00	0.00	15.00	25.00	60.00
中鸡	0.00	11.11	88.89	0.00	11.11	11.11	77.78
锦界	0.00	28.57	71.43	0.00	28.57	42.86	28.57
麻家塔	18.18	45.45	36.36	9.09	8.00	18.18	54.55
店塔	26.92	46.15	26.92	0.00	7.69	23.08	69.23
神木	16.13	38.71	45.16	0.00	6.45	32.26	61.29
太和寨	13.04	47.83	39.13	26.09	43.48	13.04	17.39
贺家川	46.67	46.67	6.67	13.33	20.00	13.33	53.33
解家堡	23.08	46.15	30.77	0.00	15.38	46.15	38.46
高家堡	0.00	50.00	50.00	0.00	25.00	37.50	37.50
乔岔滩	81.82	18.18	0.00	9.09	18.18	18.18	54.55
花石崖	27.27	18.18	54.55	18.18	9.09	54.55	18.18
平均	21.65	37.63	40.72	6.19	17.01	25.77	51.03

从表 3-5 看出,在低收入农户家庭中,劳动力较少且多外出务工,老年人在家一般只种植几亩薄田,并未从事其他经济活动,主要收入来源于子女赡养费、养老保险及低保等。因此,转移性收入比例最大,占 63.53%,务工收入次之,占 17.97%。支出方面,当地经济发达,受中、高收入家庭影响,人情来往

礼钱较重，低收入农户在这方面的支出高达30.89%。其次，老年人身体素质差、抵抗疾病能力差，医疗支出占总家庭支出的21.57%。

表3-5　不同收入水平农户生计策略比较　（单位：元）

收入与支出	变　量	低收入农户	中收入农户	高收入农户
收入状况	家庭总收入	11762.97	44511.00	598654.55
	种植业收入	1704.05	8767.67	15709.09
	畜牧业收入	67.57	1675.00	25242.42
	务工收入	2113.51	23466.67	23000.00
	经营性收入	405.41	666.67	5530.30
	转移性收入	7472.43	9935.00	529172.73
	人均收入	3176.58	10273.44	171603.89
支出状况	家庭总支出	13822.97	30405.83	95376.06
	生活支出	2583.78	4561.67	8671.21
	生产支出	1501.35	2740.83	19866.97
	建房装修支出	810.81	1916.67	39318.18
	教育支出	1675.68	8700.00	7090.91
	医疗支出	2981.08	6395.00	6012.12
	社会交往支出	4270.27	6091.67	14416.67
	人均支出	4951.32	8776.84	27324.97
生计非农化指数		0.79	0.69	0.68
生计多样性指数		2.92	3.10	3.12

对中等收入家庭而言，青壮年劳动力较多，外出务工方向多元化，务工收入占总收入的52.72%。由于社会发展，在外工作过程中，学历要求越来越高，家庭逐渐重视子女教育。所以在中等收入农户中，教育支出比例最重，占总支出的28.61%。如果农户收入增加，会有意识地追求更高的生活质量，同样也愿意支出更多来获得更好的医疗服务。因此，医疗支出比重仅次于教育支出，为20.03%。

高收入家庭生计活动多样，大多分布于研究区北部，煤炭资源富集地带，当地煤炭开发，煤矿企业对农户的补偿不仅包括高额的征地补偿费用，还包括煤矿每年的分红。因此，农户转移性收入高达529172.73元，几乎是家庭的全部收入来源，占88.39%。大多数农户从未受过投资理财培训，在最初获得大量的补偿资金时，首先选择买房装修房子，高收入农户的建房装修支出占总支出的41.22%。之后农户根据煤炭开发的实际情况，购买车辆、装卸机等生产工具，服务于煤炭企业以获得更多的收入。所以，生产支出比重为20.83%。

从表3-6看出，纯农户人均收入最低，为16885.22元，种植和养殖是其主要生计策略，方式单一，主要种植红豆、芝麻、蔬菜、向日葵、松树苗等经济作物，畜牧业以养羊为主，占总收入的59.69%。家庭支出主要是购买种子、化肥、幼羊、饲料等生产支出和社会交往支出，比重分别是36.46%、33.23%。

表3-6　不同收入来源农户生计策略比较　（单位：元）

收入与支出	变　量	纯农户	农业兼业户	非农业兼业户	非农业户
收入状况	家庭总收入	63658.33	75820.00	50821.25	468374.00
	种植业收入	25358.33	24020.00	10676.25	1874.25
	畜牧业收入	38000.00	36258.06	3712.50	506.25
	务工收入	0.00	3806.45	17225.00	27465.00
	经营性收入	0.00	1935.48	1750.00	3625.00
	转移性收入	300.00	9800.00	17457.50	434903.50
	人均收入	16885.22	21457.20	14168.05	132815.98
支出状况	家庭总支出	34437.43	38609.68	28231.75	73765.63
	生活支出	5416.67	4841.94	4655.00	6753.75
	生产支出	12250.00	12348.39	4639.25	10198.13
	建房装修支出	837.43	1290.32	2875.00	32312.50
	教育支出	3000.00	6161.29	4725.00	7950.00
	医疗支出	1766.67	7306.45	4462.50	5807.50
	社会交往支出	11166.67	6661.29	6875.00	10743.75
	人均支出	8762.45	12800.54	8397.56	20952.87

续表

收入与支出	变　量	纯农户	农业兼业户	非农业兼业户	非农业户
生计多样性指数		2. 50	3. 00	3. 38	3. 03

农业兼业户的收入与支出均高于非农业兼业户。近年来,国家大力支持农民发展养殖业,实施多项优惠政策、补贴。因此,农业兼业户主要活动为养殖羊、鸡等,转移性收入主要是政府养殖补贴,占 12. 93%。非农业兼业户生计活动多样,家庭成员有的从事农业,有的外出务工或获得低保及各项补贴收入,家庭收入来源多样,较大提高了农户生计多样化水平。

非农业户收入与支出均为最高,务工方向多样,由于所得能源补贴在农户收入中占据比例最大,所以转移性收入比重为 92. 85%,务工收入仅占 5. 86%。家庭收入多投资房地产,支出以买房装修为主,比例高达 43. 80%。

矿区资源开发对农户生计策略产生重要影响。神木市非农经济即第二、三产业发达,农户兼业行为普遍,其收入来源主要为非农业活动。高收入家庭往往生计活动多样,大多分布于研究区北部煤炭资源富集地带,当地煤炭开发,煤矿企业对农户的补偿不仅包括高额的征地补偿费用,还包括煤矿每年的分红。但对于劳动力不足的家庭来说,家庭收入往往偏低,农户的生计情况不容乐观。

神木市农户可持续生计存在明显空间差异。神木市北部煤炭资源丰富,能源产业发展较快,经济较为发达,生态环境恶劣,煤炭开发对农户生计影响巨大。南部地区与北部相比,煤炭资源匮乏,生态环境较好,经济相对落后,农户收入对煤炭产业的依赖度不及北部,其生计受煤炭开发影响程度较低。

第四章　能源开发对农户生计的影响分析

第一节　能源开发对农户生计的影响作用

一、区域对比分析

根据神木市南北煤炭资源禀赋差异、煤炭资源开发前后生态环境变化、农户对煤炭资源产业的依赖度等实际情况，将研究区分为北部和南部。

北部包括大柳塔、中鸡、店塔、麻家塔、锦界 6 个乡镇（办事处），该地区煤炭资源丰富，开采利用力度深，能源产业集聚，经济较为发达，生态环境恶劣，农户收入多依赖于煤炭产业，煤炭开发对农户生计影响巨大。

南部包括解家堡、高家堡、太和寨、乔岔滩、花石崖、贺家川 6 个乡镇（办事处），煤炭资源较为缺乏。且地处黄土丘陵沟壑地带，较之北部，自然环境好，但经济落后，农户收入对煤炭产业的依赖度不及北部，其生计受煤炭开发影响程度较低。

二、不同区域农户收入差异分析

煤炭开发区农户可持续生计直接表现在收入水平和收入结构的变化，不同区域农户的收入差异反映了煤炭开发对农户生计的影响。

（一）南北地区农户人均纯收入差距较大

基于对 12 个样本乡镇 732 农户调查分析，发现各乡镇之间农户人均纯收入差距较大（见表 4－1）。乔岔滩农户人均纯收入最低（3251.2 元），而大柳塔农户人均纯收入高达 17306.4 元，是乔岔滩的 5.3 倍。12 个调查乡镇人均纯收入为 13484. 5 元。58%乡镇农户人均纯收入为 10000—17000 元。

表 4–1　样本乡镇村域农户收入差距情况

区域	乡镇	调查人口/人	调查户数/户	基尼系数	人均纯收入/元	最低 10%人口人均纯收入/元	最高 10%人口人均纯收入/元
北部	大柳塔	288	81	0. 2658	17306. 4	4369. 8	51346. 4
	中鸡	267	75	0. 3429	17412. 2	12641. 5	924581. 4
	锦界	140	42	0. 3587	16417. 8	7216. 4	11302. 6
	麻家塔	280	57	0. 2253	15983. 5	3847. 7	236205. 0
	店塔	320	78	0. 3311	15624. 0	2379. 4	34621. 4
	神木	205	48	0. 2713	16637. 4	6103. 8	18639. 7
南部	太和寨	253	72	0. 2814	9012. 7	4163. 6	27461. 4
	贺家川	238	59	0. 3669	8315. 9	1426. 8	12084. 5
	解家堡	176	68	0. 5287	16746. 2	3960. 2	65250. 0
	高家堡	156	42	0. 4015	10836. 8	6652. 9	42333. 3
	乔岔滩	152	54	0. 4572	3251. 2	773. 9	9285. 3
	花石崖	294	56	0. 4701	14269. 6	1138. 5	39632. 0
合计		2769	732	0. 3584	13484. 5	4556. 2	122728. 6

各乡镇间人均收入差距显著。由人均纯收入及基尼系数可以看出，调查区域的基尼系数均在 0. 20 以上，63%的乡镇基尼系数大于 0. 30，其中解家堡、乔岔滩、花石崖的基尼系数更是超过了警戒线 0. 40（焦旭娇等，2014）。在所调查的乡镇（办事处）中，北部地区具有丰富的能源资源。因此煤炭企业、电厂以及与之相匹配的服务业在此比比皆是，北部农户人均纯收入在 15000 元以上，其基尼系数在 0. 25—0. 36，收入分配比较平均。而南部农户的平均收入在 10000 元左右，基尼系数多在 0. 40 以上，局部地区超过了 0. 50，收入差距较大。

同一地区的农户之间的收入差距也十分明显。如北部麻家塔的基尼系数是0.2253，其收入最低10%人口人均纯收入仅3847.7元，而收入最高的10%人口（多从事能源开采、运输等相关工作，甚至作为投资者经营产业）人均纯收入236205.0元，是收入最低10%人口收入的61倍。前者总收入仅占到该镇总收入的1.51%，而后者则占23.34%。该镇既有自建楼房、拥有产业的高收入者，也有依靠低保救济的低收入者。众所周知，基尼系数在0.40以上，收入差距已经非常明显。例如在南部花石崖，其收入最低10%人口的总纯收入只占到该镇总体纯收入的1.77%，而收入最高的10%人口的总纯收入占全镇总纯收入的比例高达46.36%，二者人均纯收入相差36.59倍，可见，贫富收入悬殊。

（二）北部农户与南部农户的收入结构差距较大

将农户收入来源分为种植业收入、牧业收入、务工收入、兼业收入、其他收入。其中，务工收入为全职务工收入；兼业收入包括农闲时务工收入以及能源补贴、所拥有的能源产业收入；其他收入包括养老、医疗保险及其他项收入。农户收入结构整体上以兼业为主，种地及牧业收入所占比重较小。据对样本乡镇村域调查统计发现，神木市农户种植业收入只占总纯收入的14.27%，牧业收入占11.69%，而务工收入占27.10%，兼业收入比例最大，占33.82%，其他项收入仅占总收入的13.12%（见图4-1）。

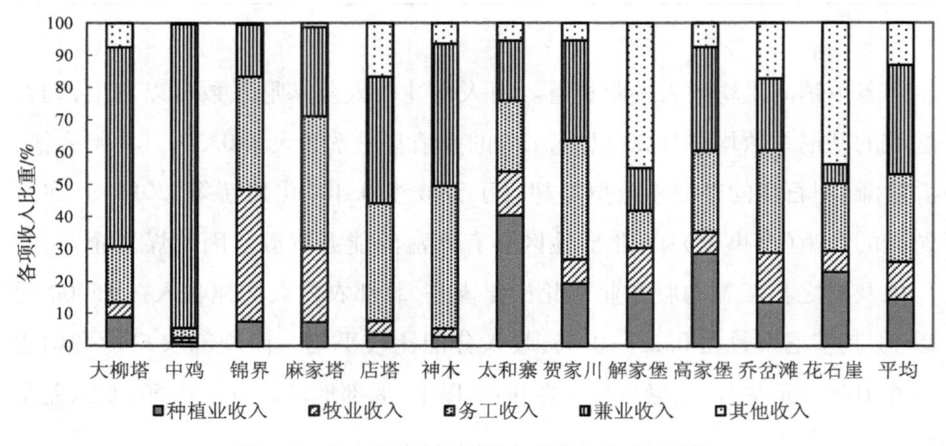

图4-1　样本乡镇（办事处）各项收入比重柱状图

北部农户与南部农户的收入结构差距较大。在种植业方面，中鸡镇农户该项收入仅为0.19%，而在太和寨高达52.22%，75%的乡镇在种植业收入低于20%。其中北部地区地处资源富集区，农户大部分土地被征用，加之煤炭开采对农户经济补偿较高，或主要劳动力参与煤炭相关产业，家庭收入主要来源于煤炭产业或相关非农产业，故种植业收入在10%以下；南部地区煤炭资源匮乏，主要以农牧业为主，种植业收入在总收入中占很大比例，例如太和寨高达52.22%。在畜牧业收入方面，锦界和麻家塔的农户牧业收入比重较高，超过总收入的20%。在务工收入方面，50%的乡镇(办事处)收入占总收入的比例在30%以上，比例最高的乡镇(如神木镇)高达44.23%。兼业收入包括了煤炭产业及相关产业的收入，由于神木市南北资源禀赋差异显著，导致北部煤炭资源富集区收入很高，而南部农户收入普遍较低。中鸡煤炭资源兼业收入比例高达94.23%，而南部地区的解家堡该项收入比重只有2.41%。近年来，神木市对于协调南北地区发展采取了重要举措，在基本社会保障方面，对南部地区的扶持力度较北部为大。另外，由于煤炭开发对土地征用量增加，以及煤炭开发次生环境问题导致土地产量下降，农业收益下降，农业劳动力逐步向非农产业转移；加之煤炭资源开发对劳动力的需求提升，以及参与煤炭开采的收益比农业生产相对更高，造就劳动力更多倾向于非农产业。因此，务工收入和兼业收入成为家庭收入的主要收入来源。

(三)务工收入和兼业收入对于农户收入差异贡献最高

不同生计策略对农户收入的贡献统计结果如表4-2所示。

表4-2　样本乡镇各项收入贡献率差异　(单位:%)

区　域	乡　镇	种植业收入	畜牧业收入	务工收入	兼业收入	其他收入
北部	大柳塔	13.89	7.64	15.82	59.27	3.38
	中鸡	4.13	1.38	0.92	93.55	0.02
	锦界	4.95	56.62	28.36	9.40	0.67
	麻家塔	3.26	46.71	9.73	39.67	0.63
	店塔	1.58	1.11	40.30	45.05	11.96
	神木	1.01	2.16	55.86	40.23	0.74

续表

区　域	乡　镇	种植业收入	畜牧业收入	务工收入	兼业收入	其他收入
南部	太和寨	28. 16	24. 81	35. 97	5. 92	5. 14
	贺家川	4. 37	2. 26	87. 04	4. 80	1. 53
	解家堡	10. 05	3. 25	5. 33	1. 11	80. 26
	高家堡	40. 39	5. 11	41. 73	5. 85	6. 92
	乔岔滩	5. 45	6. 14	77. 03	4. 70	6. 68
	花石崖	10. 19	6. 93	9. 78	1. 73	71. 37
平均		10. 62	13. 68	33. 99	25. 94	15. 77

可以看出,务工收入和兼业收入对于农户收入差异贡献最高,两者对总收入差异的贡献率分别为33. 99%和25. 94%;而种植业、畜牧业和其他收入的贡献率较低。由于该地区农业依然为小农经营模式,各农户间的耕地面积差异较小,加之生态环境恶劣导致耕地面积不断减少、农产品价格持续走低、农业收益相对较低,使得农户种植业贡献率差异较小。就畜牧业和其他收入而言,以此为主要经济来源的农户本就不多,因此除个别地区外,大多数地区的畜牧业收入及其他收入差异贡献率较低,仅有4个乡镇(办事处)高于7%。由于煤炭资源开发对劳动力的需求增加,农户从事煤炭开发及相关非农产业的收益较高,因此农户务工者数量的不同造成农户之间务工收入差距较大。如大柳塔和锦界务工人口占劳动力比例分别为23. 83%、58. 17%,务工收入贡献率分别达15. 82%、28. 36%。兼业往往同乡镇资源、区位等有关,在煤炭资源丰富和近郊地区(包括大柳塔、中鸡、麻家塔、店塔),农民兼业现象较为普遍,而在其他乡镇这种现象并不常见,更多的农民为全年在外务工者。同时,农户兼业范围的不同以及对有用信息处理能力的差异,造成农户收入差距较大,贡献率差异也大。

各项收入差异对农户总收入差异的贡献率在各地区之间差异较大(李小建等,2008)。在种植业收入差异方面,贡献率的平均值为10. 62%,但最低为1. 01%,而最高可达40. 39%。整体而言,种植业收入在总收入中所占比例较小,其平均的贡献率也最小,但在太和寨和高家堡农业地位仍然重要,如高家堡的贡献率为40.39%。畜牧业收入差异的平均值为13.68%,贡献值最小的仅1.11%,最大值高达56.62%。务工收入差异对总收入差异的贡献率平均值为33.99%,表明在农户收入差异方面很大程度上取决于农户务工收入。兼业收入差异对总收入差异的影响也不容忽视,其平均贡献率为25.94%,最大值为93.55%,是最低值的85倍,这种差异在南北部的分布表现得尤为明显(见图4-2)。其他项收入差异对总收入差异的平均贡献率为15.77%,但在相同地区不同农户间差异较大。南北部地区的各分项收入差异贡献率亦存在巨大差距。总体来说,兼业对北部农户收入差异的贡献率最高,而南部农户的务工贡献率比重较大。

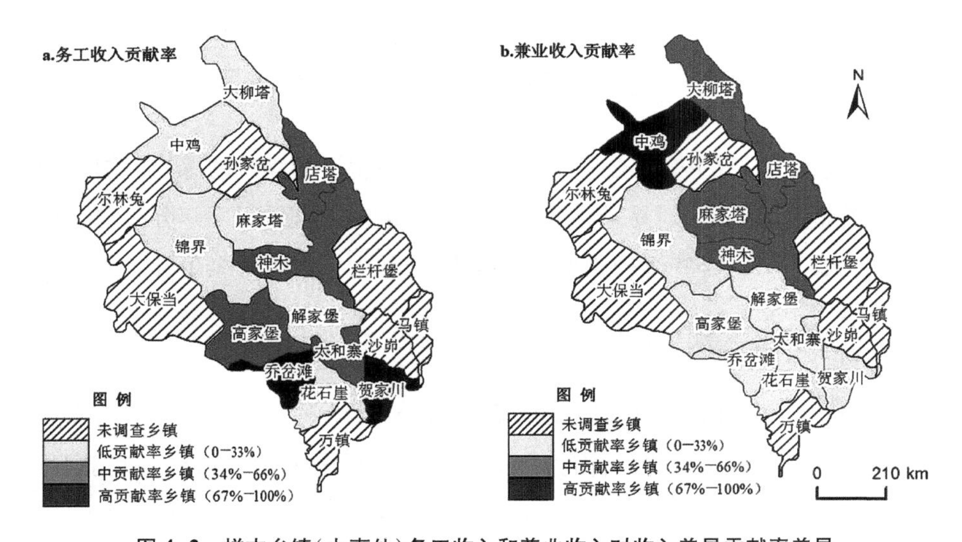

图4-2　样本乡镇(办事处)务工收入和兼业收入对收入差异贡献率差异

三、能源开发对农户生活的作用

(一)对农户生活满意度的作用

北部农户除对自然环境满意度较南部低外,收入水平、居住条件、医疗卫生、教育状况、出行条件、文化娱乐等比南部农户高。尽管煤炭开发导致农户房屋出现裂缝,甚至倒塌,但农户获得拆迁款,得以搬到新村生活,居住条件进一步改善。煤炭开发不仅使农户收入增加,劳动力、资金、技术等要素迅速在当地集聚,还带动第三产业发展,公共服务设施(如学校、医院等)条件提高,农户的生活便利度上升。

对南部农户而言,煤炭资源匮乏,经济落后,大部分劳动力外出务工,收入增加。农村人口大量外出,不仅由于经济效益驱动,还因为学校、医院整合,子女升学就业困难,农民的生活便利度大大降低,导致农村空心化现象严重。

(二)对农村发展的影响

北部农户认为煤炭资源开发导致农村生态恶劣、政府配套政策措施不完善是农村发展的主要障碍。南部农户则认为当地农村落后的主要原因:劳动力缺乏占50%,资金缺乏与政府配套政策措施不完善各占25%。

第二节　能源开发区农户收入的影响因素

由于农户生活的表述较为抽象,不同农户对生活的满意度感知不同,影响因素较难量化。因此,对易量化的农户收入的影响因素进行回归分析,探讨煤炭开发区农户可从哪些途径获得可持续收入,从而获得可持续生计。

一、农户收入水平划分

以农户人均纯收入(I)为标准,采用SPSS 20.0软件中的线性回归方法,对包括户主受教育程度、经济潜力等11个影响因素进行分析研究。基于不同收入水平农户收入影响因素差异,结合样本区域特征,采用最优拟合方法,将I分为3个层次:5000元以下,5000—15000元,15000元及以上。相应的,引入收入虚拟变量A,假设A_1为中等收入虚拟变量,当5000元$<I<$15000元时,$A_1=1$,反之,$A_1=0$;A_2为高等收入虚拟变量,当$I\geqslant$15000元时,$A_2=1$,反之,$A_2=0$;当$I\leqslant$5000元,即$A_1=0$, $A_2=0$时,则为低收入变量。

二、变量选择与模型构建

(一)变量选择

选取12个指标,分别为1个农户收入标志性指标(因变量)农户人均纯收入及其影响因素的11个指标(自变量),后者包括户主受教育程度、户主工作经验、家庭教育支出、人均耕地面积、第一产业支出比重、劳动力比重、人均支出、经济潜力、非农就业时间、非农就业比重、城郊区位。此外还引入2个虚拟变量A_1和A_2(焦旭娇等,2014)(见表4-3)。

表4-3　模型分析所涉及的变量及其定义

变　量		变量名称
Y		人均纯收入,单位:元/人
A_1		中等收入虚拟变量,中等收入为1,非中等收入为0
A_2		高等收入虚拟变量,高等收入为1,非高等收入为0
人力因素	X_1	户主受教育程度,单位:年
	X_2	户主工作经验,单位:%
	X_3	家庭教育支出,单位:元
家庭因素	X_4	人均耕地面积,单位:亩/人
	X_5	第一产业支出比重,单位:%
	X_6	劳动力比重,单位:%
	X_7	人均支出,单位:元/人
经济基础	DD	经济潜力变量,所在乡镇有中大型企业时为1,其他为0
	X_8	非农就业时间,单位:天
	X_9	非农就业比重,单位:%
区位条件	X_{10}	城郊区位,单位:km

各个变量解释如下:

户主受教育程度:户主作为家庭的主要决策者,其受教育程度严重影响着家庭收入水平(王小鹏等,2011)。因此,根据实地调查数据,将受教育程度按照受教育年限划分为文盲、小学、初中、高中或中专、大专及以上5个阶段。综合考虑,各学历的受教育年限如下:不识字或识字很少按2年折算,小学学历5年,初中学历8年,高中或中专学历12年,大专及以上学历15年。

户主工作经验:指户主的工作经验。一般而言,户主的工作年限越长,工作经验积累得越多,其工作技能就越熟练(王小鹏等,2011)。将工作经验(experience)的计算模型设定为:experience=(year′/year)×100%,其中year′为家庭户主的实际年龄减去18的差。

家庭教育支出:指农户家庭所负担的正在上学人员的学费和其他费用(交通、生活等),接受技术或专业培训人员的培训费用。

人均耕地面积:指农户实际经营的所有能够种植农作物、经常进行耕锄的人均田地面积。

第一产业支出比重:指农户在种植业和牧业的经营费用支出。

劳动力比重:指农户家庭中劳动力数量占家庭总人口的比例。

人均支出:家庭中每年每人的支出总额。

经济潜力变量:指农户所在乡镇是否有煤矿、电厂等大型企业。这是一个虚拟变量,所在乡镇有中大型企业的为1,没有的为0。

非农就业时间:指农户家庭劳动力成员从事非种养业工作的累计时间,以“天”为单位。

非农就业比重:指农户家庭中,主要从事非农业工作的劳动力占劳动力总数的比例。

城郊区位:与最近县城的距离,给各个农户与最近县城的距离进行赋值,25公里以上的村的农户赋值为25,20—25公里的赋值为20,10—20公里的赋值为15,5—10公里的赋值为8,2—5公里的赋值为3,2公里以下的赋值为1。

(二)模型构建

利用调查数据,采用普通最小二乘法,对变量做线性回归,可得到以下的预估模型:

$$Y = B_0 + B_{A2}A_2 + B_{A1X1}A_1X_1 + B_{A2X2}A_2X_2 + B_{A1X2}A_1X_2 + B_{A2X3}A_2X_3 + B_{X4}X_4 + B_{X5}X_5 + B_{A2X6}A_2X_6 + B_{A2X7}A_2X_7 + B_{A2DD}A_2DD + B_{X8}X_8 + B_{A2X9}A_2X_9 + B_{A1X9}A_1X_9 + B_{X10}X_{10} + B_{A2X10}A_2X_{10} \quad (4-1)$$

式(4-1)中,B_0为常量,其余各B为相应解释变量的系数。

三、模型结果分析

（一）模型运算结果

利用 SPSS 20. 0 软件，将式(4-1)的各参数进行估计，结果见表 4-4。

表 4-4　模型运算结果

变量或常量	*B*	*T*	*Sig.*
B_0	12537	3. 754	0. 001
B_{A2}	86353	3. 211	0. 002
B_{A1X1}	280	2. 267	0. 000
B_{A2X2}	885	1. 631	0. 000
B_{A1X2}	45	1. 147	0. 000
B_{A2X3}	598	2. 377	0. 007
B_{X4}	227	2. 037	0. 000
B_{X5}	7323	1. 866	0. 005
B_{A2X6}	63169	3. 292	0. 003
B_{A2X7}	2. 623	2. 186	0. 04
B_{A2DD}	80509	3. 06	0. 003
B_{X8}	-6. 006	-2. 406	0. 004
B_{A2X9}	2670	1. 634	0. 000
B_{A1X9}	2640	0. 748	0. 000
B_{X10}	-42	-0. 178	0. 000
B_{A2X10}	-1145	-1. 096	0. 000

将系数代入公式(4-1)，可得到下列反映农户人均纯收入来源的模型：

$$Y = 12537 + 86353A_2 + 280A_1X_1 + 885A_2X_2 + 45A_1X_2 + 598A_2X_3 + 227X_4 + 7323X_5 + 63169A_2X_6 + 2.623A_2X_7 + 80509A_2DD - 6.006X_8 + 2670A_2X_9 + 2640A_1X_9 - 42X_{10} - 1145A_2X_{10} \quad (4-2)$$

（二）影响因子作用分析

1. 人力因素对农户人均收入有正向影响

代表人力影响因素主要有户主的受教育程度、户主的工作经验以及家庭教育支出三个变量。这三个变量均对农户收入有正向影响。根据回归结果，户主的受教育程度每提高 1 年，中等收入人均纯收入将提高 280 元。其工作经验每增加 1 年，中等收入农户人均收入增加 45 元，高收入农户增加 885 元。而家庭教育支出投入每增加 1 元，高收入农户人均收入增加 598 元。

在中高收入农户家庭中，成员多从事非农活动，其工作经验越丰富，工资越高，收入越高。而户主在家庭中具有决策权，其受教育程度在很大程度上决定了收集信息的能力，接受、采用新技术的可能性，以及产业转型的接受度，对家庭以及自主产业的决策有很重要的影响。在这类农户中，家庭教育不只包括家庭成员上学所需费用，还包括培训技术人员的费用，而且这部分费用占大多数。农户受到的培训越多，意味着其专业素质越高。这些优质的人力资本伴随着更高的生产效率，相应的收入就会更高。低收入家庭成员多为老年人，只从事单一的农业活动，对文化要求不明显。随着年龄的增长，出现体力下降，相应的收入亦减少。因此户主的受教育程度、工作经验及家庭教育支出对低收入农户影响不显著。

2. 家庭因素对农户人均收入的影响显著

家庭因素包括人均耕地面积、第一产业支出比重、劳动力比重和人均支出四个变量。劳动力比重和人均支出对高收入农户的人均收入有显著影响。不考虑其他因素，高收入农户劳动力比重每增加 1%，高收入农户人均收入增加 631.69 元；支出每增加 1 元，人均收入增加 2.63 元。

耕地面积对农户人均纯收入影响较大。耕地作为农业生产的基础，其面积大小是一个重要因素，影响着农户收入。该地区农户种植较为多元化，相当一部分农户根据市场需要，不仅种植经济林、蔬菜、牧草等，还进行牧业生产，并已形成一定规模。种植业和牧业生产已经由过去使用手推车、板车等人力、畜引和机引农具过渡到现在使用汽车、拖拉机、水泵、柴油机等大中型和小型机械的时代。虽然整体投入增加了，但机械的使用年限较长且不易损坏，在这方面每年的投入较少，效益则更好了。根据调查，本地区低收入农户多为老年人，他们大多一直只从事农业活动，并无额外收入，甚至有的家庭只靠政府补贴度日。中等和高收入的青壮年劳动力在从事非农劳动，劳动报酬高，收入多。家庭支出多用于扩大再生产投资，收入必然增加。

3. 经济基础对农户人均收入的影响最大

对于高收入农户而言，假如其他条件不变，所在镇有大型企业，农户人均纯收入可增加 80509 元。在中等收入家庭中，非农就业比重提高 1%，人均收入增加 26.4 元；在高收入家庭中，非农就业比重提高 1%，人均收入增加 26.7 元。低收入农户从事非农活动 1 天，人均收入减少 6 元。

从经济基础看，如果农户所在乡镇有大型工矿企业（如大柳塔镇），其经济基础状况较好。在一定程度上获得外部资金（如贷款）的可能性也较大，随后又可以进行扩大再生产投资，从而形成良性循环。农户兼业、务工的机会变多，个体经济的发展得益于良好的外部环境，因而农户收入增加的可能性随之而来。农民非农就业日益成为中高收入农户人均纯收入增长的主要来源。在调查区域，低收入农户多为高龄老人，基本没有能力从事非农活动，其主要收入来源于种植业及政府补贴。因而非农就业时间对低收入农户收入有负向的影响。

4. 区位条件对农户人均收入有负向影响

城郊区位显著影响高收入农户的人均收入。在其他条件不变的情况下，离县城的距离每增加 1km，低收入农户的人均收入减少 42 元，而高收入农户人均收入减少 1145 元。

距离县城近，对农户来说是一个先天的优势资源。县城往往是一个地区的经济、文化、交通、信息中心，距离通过对市场、交通、信息等的影响而影响产业特别是非农产业的发展，进而影响到农户收入的增加。距县城近的农户可以更好地利用县城的各种资源，增加了兼业和务工的可能性，产业及种植结构调整的可能性也较大，对农户的收入有着明显的促进作用。相比较而言，城郊区位条件较好的农户，市场参与的主动性较强，而城郊区位条件较差的农户则较弱。高收入农户相对低收入农户而言，从事非农活动多样，所需的各种信息量、各种资源更为庞大和复杂，城郊区位的作用更明显。

第三节　能源开发区农户对生态补偿的诉求

整体而言,研究区农户对收入、生活满意度较高。近一半的农户认为当前农村发展的主要障碍是缺少劳动力,其次为政府配套政策措施不完善、缺乏资金帮助(见表4-5)。由于常年在农村生活的多为丧失劳动力的老年人,32%的农户希望政府提供更高的养老保障。三分之一的农户则认为农村需要政府人员来提供资金帮助,带领农户致富。

表4-5　不同地区农户对生态补偿的诉求

地区	发展主要障碍	需要的帮助
总体	缺少劳动力/42.33,政府配套政策措施不完善/28.22,生态恶劣/26.99,缺乏资金/23.31,缺技术/11.66	政策落实好/36.81,养老保障/32.51,资金帮助/30.06,政府带头人/22.09,优惠政策/21.47,生态改善/14.11,致富信息/10.43
北部	煤矿开发影响/47.56,生态恶劣/45.12,政府配套政策措施不完善/31.71,缺少劳动力/24.39,缺乏资金/20.73,缺技术/10.98	政策落实好/35.37,生态改善/28.05,资金帮助/28.05,养老保障/26.82,政府带头人/23.17,优惠政策/23.17,致富信息/12.20
南部	缺少劳动力/60.49,政府配套政策措施不完善/24.69,缺乏资金/25.93,缺技术/12.35,交通不便/11.11	政策落实好/38.27,养老保障/38.27,资金帮助/32.10,政府带头人/20.99,优惠政策/19.75

注:缺少劳动力/42.33,表示42.33%的农户选择缺少劳动力,即表中数字代表农户比例。农户可进行多项选择,故各项之和大于100。

一、北部地区农户的诉求

北部农户认为,当地煤炭开发造成生态环境恶劣,是当前生活的主要压力。地下水位下降、土地塌陷造成农户必须进行生态搬迁。当地经济发达,容易滋生贪污腐败现象,特别是乡镇和农村政府的配套政策落实不到位。在北部乡镇,煤炭开发使农户获得大量的补偿赔款及分红,一部分农户利用资金购买运输车辆、装卸机等生产工具,经营洗煤厂、修车店、饭店、酒店等服务于煤炭企业,以吸引更多的经济要素集聚,使得当地煤炭行业快速发展,经济空前繁荣，农户获得了更多的收入可用于再次投资，从而形成良性循环。还有一部分农户投资房地产、民间借贷行业，这些产业大多由当地的煤炭投资人操控。煤炭投资人利用从农户手中筹集的资金，开采、运输煤炭资源，所得资金重新投入房地产和借贷金融业，形成经济循环，见图4-3。在煤炭市场繁荣期，这一循环经济使得各个产业进一步扩大，农户分红更多。近几年，煤炭市场逐渐萧条，煤炭价格持续下滑，中小煤企陷入亏损甚至破产的境地，大型煤企大面积停产，煤炭行业迅速衰退，加之房地产、金融业宏观调控，循环经济产业链断裂，煤炭投资人资金不足，无法偿还农户的借贷资金，从而出逃，使得农户投资血本无归。

因此，30%的农户需要政府提供资金帮助。面对当前发展障碍，农户需要政府提供的帮助表现为：保护生态环境，提供优惠政策并落实到位，提供致富信息及资金帮助农户致富，完善社会保障体系，移民安置。

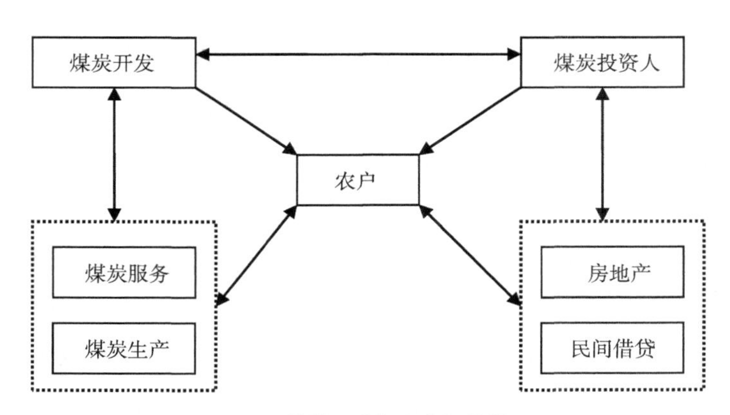

图4-3　煤炭开发与农户经济循环

二、南部地区农户的诉求

在南部地区，受煤炭开发影响，劳动力向北部煤炭富集区转移，农村空心化现象严重，缺少劳动力是当地农村发展的重要障碍。家庭生计方式由单一的种植业向务农、务工、经营店面等方向转变，养殖户较多，基本无技术培训，单纯依靠经验，配套政策落实不到位，贷款难，风险大。资金、技术、政策的缺失对农户生计可持续造成严重压力。

由于北部地区耕地受到煤炭开采活动的破坏，亩产量降低甚至土地塌陷，南部地区的农产品需供应整个神木市，农业增收显著。同时农村环境不受煤炭开发影响，生态较好。因此南部农户希望煤炭开发力度持续加强，合理分配资源，增加更多的务工、兼业机会。虽然农户收入有所增加，但由于煤矿及相关产业的发展，具有经济属性的新的社会网络关系正在形成，社会交往支出占总支出的比例逐步加大，很多农户家庭入不敷出。南部农户对资金帮助、养老保障及政策落实力度的需求比北部高。

煤炭开发对农户生计产生重要的影响，使得不同地区农户收入差异显著。神木市北部乡镇农户人均纯收入比南部农户高 5000 元，务工及兼业是收入的主要来源；南部农户以农牧业收入为主。

影响农户收入的因素其作用不同。户主的受教育程度对中等收入家庭影响最大，每增加 1 年，其人均纯收入将提高 268 元；而工作经验对于高收入家庭有显著作用，每增加 1 年，其收入增加 885 元。劳动就业方面，高收入农户劳动力比重每增加 1%，其人均收入增加 632 元，非农就业比重提高 1%，收入增加 27 元。区位因素成为农户收入的显著影响因子。

不同地区农户对生态补偿的诉求差异较大。本章研究中，42.33%的农户认为劳动力缺失是当前面临的主要问题。从生活满意度来看，神木市北部农户对生态环境不满意，认为煤炭资源开发导致农村生态恶劣、政府配套政策措施不完善是发展主要障碍，急需的帮助主要有政策落实到位和改善生态环境；南部农户对医疗及教育状况满意度低，认为当地农村落后的主要原因是劳动力流失，近 40%的南部农户希望政府提供养老保障。

第五章　基于农户视角的能源开发区生计优化策略

第一节　能源开发区农户生计优化模型

一、农户生计优化指标体系构建

本章主要从农户风险抵抗能力、生存环境状况、社会适应能力三方面进行农户生计优化模型构建，见表 5-1。

表 5-1　农户生计优化模型指标体系及权重

指　标	变　量	权　重
风险抵抗能力	人均纯收入/元	0.04382
	家庭存款/元	0.04179
	经济状况	0.05123
	领导潜力	0.04570
	劳动就业率/%	0.04954
	保险覆盖率/人	0.04809
生存环境状况	收入水平	0.05536
	居住条件	0.05607
	医疗卫生	0.05490
	教育状况	0.05357
	交通便利	0.05717
	文化娱乐	0.05180
	生态环境	0.05628
	治安环境	0.05518

续表

指　标	变　量	权　重
社会适应能力	受教育程度/年	0.05153
	就业培训	0.04884
	谋生技能	0.05161
	社交来往/%	0.04786
	亲朋关系	0.03261
	人脉网络	0.04705

风险抵抗能力指人均纯收入、家庭存款、经济状况、领导潜力、劳动就业率、保险覆盖率6个指标。其中,经济状况用农户向银行贷款的难易程度表示,领导潜力用家庭成员是否为政府、事业单位职工表示。由于当地全民参与养老及医疗保险,因此保险覆盖率主要用农户参加失业保险的人数表示。

生存环境状况指农户对收入水平、居住条件、医疗卫生、教育状况、交通便利、文化娱乐、生态环境及治安环境的满意度,分为非常不满意、不满意、一般、较满意、非常满意5个层次,分别赋值为1、2、3、4、5。

社会适应能力主要指农户受教育程度、就业培训、谋生技能、社交来往、亲朋关系、人脉网络。其中,受教育程度分为文盲、小学、初中、高中或中专、大专及以上。就业培训用劳动力是否参加就业培训表示,参加赋值为1,反之则为0。谋生技能依据掌握情况划分为:只种地无其他技能;无技能但靠体力做临时工;学过一些,有时靠这种技能赚钱;完全靠技能养活自己,分别赋值为1、2、3、4。社交来往用社会交往支出占总支出的比例表示。亲朋关系表示农户与亲朋好友的关系亲密度,由低到高共5个层次,用1、2、3、4、5表示。人脉网络表示农户对靠亲朋好友的力量找份正式工作的认同度,有非常不同意、不同意、一般、同意、非常同意5个层次。

二、评价模型:模糊物元模型

由于农户生计的复杂性、影响因素的不确定性,本章将农户生计优化看作模糊的评判标准，基于物元分析，结合欧式贴近度，建立煤炭开发区农户生计优化模型，用熵值法确定指标权重。

（一）模糊物元及复合模糊物元

给定事物名称 M ，C 表示事物特征，v 为量值，以（ M,C,v ）作为描述事物的基本元，即模糊物元 R 。如果有 m 个事物，每一事物有 n 个特征，则构成 m 个事物的 n 维模糊物元 R_{mn}（周洁等，2013）。在构建农民生计评价的模糊物元时，M 对应 12 个乡镇，C 对应 20 项评价指标，X 则对应各评价指标的具体数值。

$$R_{mn} = \begin{bmatrix} & M_1 & M_2 & \cdots & M_m \\ C_1 & X_{11} & X_{21} & \cdots & X_{m1} \\ C_2 & X_{12} & X_{22} & \cdots & X_{m2} \\ \cdots & \cdots & \cdots & \cdots & \cdots \\ C_n & X_{13} & X_{2n} & \cdots & X_{mn} \end{bmatrix} \tag{5-1}$$

式（5-1）中，M_i 代表第 i 个事物，$i=1,2,\cdots,m$ ；C_j 为事物 M 的第 j 项特征，$j=1,2,\cdots,n$ ；X_{ij} 为第 i 个事物第 j 项特征所对应的模糊量值。

（二）标准化模糊量值

标准化模糊量值的确定遵循从优隶属度原则。

各单项指标相应的模糊量值，从属于最优方案中各对应指标相应模糊量值的隶属程度，称为从优隶属度（张先起等，2005）。在标准化过程中，农户生计优化评价指标均为正向指标，是越大越优，在此采用式（5-2）进行量值的标准化处理，得到从优隶属度。

正向评价指标：

$$\mu_{ij} = X_{ij}/\max X_{ij} \tag{5-2}$$

式（5-2）中，μ_{ij} 为从优隶属度，$\max X_{ij}$ 为事物的特征向量对应模糊量值的最大值。

标准模糊物元 R_{0n} 由各项生计指标从优隶属度中的最大值确定，记为：

$$R_{0n} = \begin{bmatrix} & M_0 \\ C_1 & \mu_{01} \\ C_2 & \mu_{02} \\ \cdots & \cdots \\ C_n & \mu_{0n} \end{bmatrix} \tag{5-3}$$

差平方复合模糊物元 R_Δ，由标准模糊物元 R_{0n} 与从优隶属度模糊物元中各项差的平方构成，即 $\Delta_{ji} = (\mu_{0i} - \mu_{ji})^2 (i = 1,2,\cdots,n; j = 1,2,\cdots,m)$ 。

$$R_\Delta = \begin{bmatrix} & M_1 & M_2 & \cdots & M_m \\ C_1 & \Delta_{11} & \Delta_{21} & \cdots & \Delta_{m1} \\ C_2 & \Delta_{12} & \Delta_{22} & \cdots & \Delta_{m2} \\ \cdots & \cdots & \cdots & \cdots & \cdots \\ C_n & \Delta_{1n} & \Delta_{2n} & \cdots & \Delta_{mn} \end{bmatrix} \tag{5-4}$$

用熵值法确定权重，结果见表 5-1。

贴近度是指被评价对象与样本值互相接近的程度，其值越大表示两者越接近，反之则相离较远。根据贴近度大小对各评价对象进行排序，结合实际情况，运用欧式贴近度作为评价标准，采用先乘后加的计算方法计算欧式贴近度 ρH_j ，构建贴近度复合模糊物元 $R_{\rho Hj}$ 。

$$R_{\rho Hj} = \begin{bmatrix} & M_1 & M_2 & \cdots & M_m \\ \rho H & \rho H_1 & \rho H_2 & \cdots & \rho H_m \end{bmatrix} \tag{5-5}$$

$$\rho H_j = 1 - \sqrt{\sum_{j=1}^{n} w_j \Delta_{ij}} \quad (i = 1,2,\cdots,n; j = 1,2,\cdots,m) \tag{5-6}$$

三、农户生计优化模型分析

根据上述步骤，得到煤炭开发区各乡镇农户生计优化模型的欧式贴近度，并进行排序，如表 5-2 所示。

表 5-2 煤炭资源开发区农户生计优化

区域	乡镇	风险 抵抗能力	生存 环境状况	社会 适应能力	欧式 贴近度	排序
北部	大柳塔	0. 5599	0. 7854	0. 6903	0. 4132	3
	中鸡	0. 6222	0. 7851	0. 6932	0. 4623	1
	锦界	0. 5737	0. 7363	0. 6961	0. 4088	4
	麻家塔	0. 5459	0. 7582	0. 6704	0. 3961	6
	店塔	0. 5587	0. 7674	0. 6756	0. 4080	5
	神木	0. 5617	0. 7835	0. 7119	0. 4140	2
南部	太和寨	0. 5287	0. 7495	0. 6568	0. 3656	9
	贺家川	0. 5189	0. 7355	0. 6622	0. 3500	10
	解家堡	0. 5338	0. 7982	0. 6629	0. 3871	7
	高家堡	0. 5214	0. 7051	0. 6659	0. 3824	8
	乔岔滩	0. 5128	0. 7484	0. 6427	0. 3429	11
	花石崖	0. 5137	0. 7249	0. 6403	0. 3426	12

结果表明,北部农户生计优化模型各方面都明显优于南部农户。

(一)风险抵抗能力对比分析

北部地区农户平均为 0. 5703,比南部农户高 0. 0488。其中北部风险抵抗能力最高的乡镇是中鸡,达 0. 6222,而风险抵抗能力最低的麻家塔(0. 5459)高于南部风险抵抗能力最高的解家堡(0. 5338)。

北部煤炭资源丰富、经济发达、就业机会多,大多劳动力直接或间接从事煤炭开发行业,农户人均收入及家庭存款比南部高,其更容易获得贷款。农户家庭重视对人力资本的教育培训投资,使得政府工作人员及事业单位职工比南部多,失业保险覆盖率高。南部农户劳动力多在经济发达的北部乡镇务工,多临时工,参加失业保险的人数较少,收入不及北部农户,对风险的抵抗能力较弱。

在北部地区,中鸡农户的风险抵抗能力最强。大柳塔与中鸡农户大部分收入来源于煤炭服务业与煤炭分红,故两农户的人均纯收入与家庭存款最多。锦界农户一部分从事煤炭相关产业，一部分在国家政策的支持下发展牧业，并形成了一定规模，其就业率与保险覆盖率比其他乡镇好。神木镇是市政府所在地，区位条件最优、经济基础较好、就业机会多，参加失业保险人数比例明显高于其他地区；且服务业发达，农户多经营店面，贷款相对容易。

在南部地区，解家堡农户的风险抵抗能力比其他乡镇高。该地区农户的家庭成员有一部分为政府或事业单位职工，收入稳定，社会保障参与度高，故人均纯收入、家庭存款及经济状况均高于南部其他地区。太和寨小杂粮特色农业发达，大部分劳动力从事农业，虽然其人均收入较低，但支出较少，家庭存款方面仅次于解家堡。高家堡与贺家川大部分劳动力为企业职工，在北部地区从事煤炭开采及相关服务业（如运输、洗煤、机械维修等），就业率与保险覆盖率较高。花石崖多老年人，交通不便，经济落后，风险抵抗能力最弱。

（二）生存环境状况的对比分析

北部地区农户平均为 0. 7693，南部地区农户平均为 0. 7436，南北相差不大。大柳塔和中鸡农户的生存环境状况最好，都达到了 0. 785 以上。高家堡农户生存环境状况最差，仅 0. 7051。

随着煤炭开发，北部地区经济日益繁荣，开发煤炭资源，使各种经济要素集聚，相应的公共设施逐渐完善。由于煤炭开发导致土地塌陷，房屋倒塌，农户逐年搬入新建的移民村，住房、交通、娱乐、生态及治安条件较之前更好，农户对生活的满意度更高。南部农村青壮年外出，老年人留守在家，治安环境比北部好，且生态环境未受到破坏。人口大量外出，不仅由于经济效益驱动，还因为当地农村没有学校、医院，看病上学不方便，农民的生活便利度大大降低，导致农村空心化现象严重。虽然南部农户生活各方面都不及北部，但对生活的要求低，态度积极乐观，除医疗、教育条件外，对生活满意度高。

在北部地区，大柳塔农户的生存环境状况最好。大柳塔紧邻内蒙古鄂尔多斯，煤炭资源丰富、易开采，神华集团在此进行煤炭开发，修建住宅小区，且配套设施完善（如医院、学校、体育馆等），带动了经济社会的繁荣发展，使农户的收入、居住条件、医疗、教育、交通便利度大大改善。中鸡紧邻大柳塔，农户生活的各方面均有所受益，特别是在收入、交通和文化娱乐方面，农户满意度最高。神木镇是神木市经济社会文化的中心，基础设施建设完善，农户对居住条件、教育及治安状况最为满意。锦界农户虽然生活状况比南部地区好，但与心中期望值较远，故而生存环境状况不及南部有的乡镇。

在南部地区，解家堡农户的生存环境状况最好，它紧邻神木市区，生活水平较高，交通便利，农户对收入、医疗、教育满意度高。太和寨及乔岔滩农户多老年人，虽然生活水平不高，但生活态度积极，各方面要求较低，对生态环境及农村治安满意度高于其他地区，农户生存环境状况甚至高于锦界。高家堡农户仅对交通出行条件及生态环境较为满意，生活其他方面与农户的期望值差距较大，因此生存环境状况不及其他乡镇。

（三）社会适应能力方面的对比分析

北部地区农户平均为0.6896，显示了良好的适应性，南部地区农户平均为0.6551，比北部低0.0345，适应性较差。北部地区农户的社会适应力均高于南部地区。

北部地区农户显示了良好的适应性，谋生技能掌握熟练，劳动力职业水平要求高，使其就业培训率高。经济的发展使农户社交来往支出较多，人脉变广，可依靠人脉找到正式工作。南部多为丧失劳动力的老年人，基本没有谋生技能，生计活动仅种植、养殖，人脉网不及北部农户。虽然家庭社交来往费用支出没有北部多，但比重高达30%以上。青壮年劳动力外出务工，虽然脱离了农业生产，但文化程度较低，高等教育接受不足，谋生技能单一，技能掌握熟练度较低。与亲朋好友的关系，南部高于北部。这是因为民间借贷兴盛期，北部农户通过亲友进行大额投资，民间借贷的衰落使农户血本无归，与亲友关系有所疏远。南部农户资金紧张，基本没有投资，与亲友不存在经济纠纷，关系融洽。

北部地区，神木镇农户的社会适应能力最高。神木镇是神木市经济、文化、社会的中心，农户文化程度普遍较高，多经营店面，人脉广，谋生技能熟练，农户社会适应能力强。锦界农户多从事畜牧业及煤炭相关产业，行业要求从业者素质高、技能熟练,因此该地区农户的就业培训及谋生技能掌握度最高。中鸡农户与锦界情况基本一致,仅与亲朋关系方面不及锦界。大柳塔经济发达,农户人脉关系复杂,社交来往支出比例较重。

在南部地区,高家堡农户的社会适应能力最高。高家堡发展特色农业,如培育树苗、大棚蔬菜等,在劳动力培训及谋生技能掌握度方面要求较高,大多农户适应力比其他地区较高。解家堡畜牧业发达,农户养殖技术较高,技能掌握熟练。一部分农户有家庭成员为事业单位职工,其人脉关系广,亲朋好友联系紧密、相处融洽。花石崖农户的社会适应能力最差。

第二节　能源开发区农户生计优化策略

根据农户生计优化模型评价结果,从农户的风险抵抗能力、生存环境状况、社会适应能力三方面提出农户生计优化策略建议。

一、加强风险抵抗能力

提高农户的风险抵抗能力主要针对不同区域农户的实际情况,从经济层面出发,促进产业多样化发展,以政府配套政策为保障手段,提高农户收入。

(一)产业多样化提高农民收入

神木市应以建设循环型工业、农业、社会为目标,以“减量化、再使用、再循环”为原则,从企业、政府、社会三个层面推进循环经济发展模式,建成具有明显区域特色优势和竞争力的绿色能化基地。

推进农业的特色化、产业化、规模化。北部地区如锦界、麻家塔等可以重点发展畜牧业及其加工业,逐渐减少对煤炭开采业的依赖度。南部地区如太和寨、高家堡可发展红枣、小杂粮、育苗等特色农业,使劳动力回流,保证粮食安全,促进农民增收。

延伸煤炭产业链。北部地区如店塔、大柳塔等适当发展焦化、电力、煤化工等煤炭相关产业,实现从煤炭开采业到煤炭服务业的转变。

利用交通区位优势,发展物流业,提供更多就业机会。北部地区大柳塔、中鸡等与外省相连，应加强与内蒙古、宁夏、山西等省交通连接。南部地区位于本省内部，以乔岔滩、花石崖为中转地，发展与榆林市、陕西省内部相关的物流业，促进农村劳动力转移，增加农户生计多样性。

（二）政府配套政策措施完善

地方政府完善保障机制，降低农户生产经营成本和风险，加强政策宣传，推进相关政策的落实（如无息贷款），建立监督、反馈制度。将煤炭资源收益用于支持产业多样化、城镇化、农村公共服务，实现煤炭资源收益惠及农民的体制机制。特别是在北部地区，出台优惠政策吸引煤炭资源整合后从煤炭产业退出的民间资本流向非煤产业，防止民间资本的流失。

在大柳塔、中鸡等煤炭资源富集区，改善煤炭开发征地措施，从一次性资金补贴政策转变为“年固定回报补偿”政策，即补贴款不再一次性发放给农户，而是在征地期限内，每年发放一部分资金。这样不仅使农户有了稳定收入，还在很大程度上避免了农户错误的金融投资，使农户的长远生计得到保障。

二、改善生存环境状况

优化农户生计，不仅需要提高农户收入，还需改善农户的生存环境。在新型城镇化推进过程中，重点解决北部农村生态的治理问题和南部农村空心化问题。

（一）推进新型城镇化、农村居民点整合

研究区属于煤炭资源型地区，当地因煤而兴，经济发展依赖于煤炭开发。农村地区发展多服务于煤炭业，自身并未得到可持续发展，基础设施建设水平落后，服务功能未得到充分发挥。因此，加快农村基础设施建设，完善道路、交通、教育、医疗等服务功能，为推进新型城镇化提供良好的基础条件。

北部地区矿产开发导致的生态环境问题使得当地农民面临搬迁问题，特别是在大柳塔、锦界及麻家塔等地区部分村庄，应进行合理的农村居民点规划，政府应征求民意，宣传、组织引导农户进行搬迁，防止二次搬迁的发生。

南部地区农村老龄化、空巢现象严重,有的村子仅三四户家庭,需要进行居民点整合。在进行居民点整合时,要重新组织村委会,以便于管理村民。在此过程中,既要保障其资金、土地需求,健全耕地经营权流转机制,维持耕地对农民生计的基本保障功能,也要保证基础设施完善。在花石崖及贺家川完善农田水利设施、道路建设等基本的民生工程,培养兼职卫生员,增强医疗机构的流动性,改善农村教育、医疗、娱乐、通信设施,满足农民基本生产生活需要。

(二)加大环境保护力度,提高农民参与生态环境治理的积极性

煤炭开发导致北部地区大气、水、土壤等污染严重,噪音大,生态环境恶劣,政府、企业及农户三方面合作加大环保力度。

以国有企业大柳塔神华矿区为依托,建立洁净环保型煤生产基地,促进资源循环综合利用,构建"技术高端化、产业集群化、绿色低碳化、布局合理化"的现代循环工业体系,并以此为典型案例,推广到其他地区的中型或小型煤矿。

加强企业清洁生产监督审核力度,加快推进节能、节水、节材、节地和资源的综合利用,采用清洁生产技术及先进工艺、技术和设备,减少工业污染物的产生量并对污染物进行无害化处理,降低有害物质的排放。加强不同产业间的联系,"煤—电—化"形成精细煤化工产业链,促进资源的重复利用,提高资源的使用效率,实现资源消耗"减量化"。

生态环境治理需改变政府治理的单一模式,激发农民的积极性,让农民参与到生态环境治理当中,维护自身的环境权益,建立企业、政府、农民多中心合作的生态环境治理机制。同时加强治安管理、饮水工程建设,环保政策、监督机构落实到位。如已塌陷的土地进行生态恢复作业,进行大面积的植树种草,由当地农民作为直接劳动者进行劳作,实现劳动转移;由煤炭企业进行后期生态维护,责任落实到个人;政府管理监督实行终身责任制。

三、提高社会适应能力

在社会适应能力方面,解放农民思想,提高农民素质,发展教育、医疗、养老保障等公共服务,是农户生计优化的重要措施。

（一）加强农民技能培训、知识传授

研究区北部煤炭资源丰富，自然资源优势明显；南部地区煤炭资源缺乏，可重点发挥人力资源的优势，提高农民参与经济活动的能力，为农民创造公平的经济机会。

南部地区如高家堡、解家堡等发展特色农业、畜牧业的同时，可开展远程教育，建立图书资料室，请专家为农民讲课，以解决实际问题、传授经验，通过技术培训进一步提高农民的个人能力，以培训带动就业。

（二）发展公共服务，提高社会资本

北部煤炭开发导致环境污染严重，地方病（如甲状腺肿大、肺结核）多发。虽然当地已经普及了新型合作医疗，但这只是农民就医的基本保障，距离实现高效、公平的医疗服务还有差距，因而需要继续改善农村医疗状况，对于地方病、职业病采取加大报销比例等针对性的措施。拓宽投资渠道，提供投资信息，引导农民进行正规的金融投资，在农村开展商业性金融、政策性金融、微型金融、农业保险等金融活动，拓宽金融资源为农民服务的范围。矿企在农村需要积极付诸实践，吸纳农村劳动力就业，改变村矿冲突的现状，履行社会责任。

南部地区应实施教育优先工程。在农村义务教育普及的基础上，协调城乡教育资源的配置，完善农村教育的基础设施，为农村教育配置优秀的教师资源，提高农村教育的质量。学生资源较少的地区，通过合并学校、建立寄宿制学校等方式来改善教育质量。乔岔滩、花石崖通过开展街巷硬化、公交村村通工程，改善农村的交通设施，降低农民的出行费用。推广宽带等现代通信在农村的普及，有利于信息传播，便于信息沟通，增强人们的联系，有助于提升社会资本水平。

建立完善的社会救助体系，使得经济发展收益惠及农村贫困弱势群体。养老问题关系到农户的基本福利，虽然当地养老保险已经基本普及，但需进行不断完善。对农村特贫人口、丧失劳动能力或者残疾的农户，政府要发放社会救济金进行救助，保障其基本的生活所需。对于农业发展中遇到的各种灾害（如病虫害、旱灾、冰雹等），政府要进行统筹救济。

神木市北部农户各方面明显优于南部农户。在风险抵抗能力方面，南部农户平均为0.5215,比北部农户低0.0488,数据显示南部农户抗风险能力较弱。在生存环境状况方面,北部比南部高0.0257。在社会适应能力方面,北部农户为0.6896,显示了良好的适应性。

生计策略优化建议:加大力度发展特色农业,延伸煤炭产业链,提供更多的就业机会;完善政府配套政策措施的实施,建立监督、反馈制度;加大环保力度,完善水利、道路、医疗及教育等基础设施建设,推进农村居民点整合;加强农民谋生技能的培训,发展社会公共服务。

第六章 能源开发区生态补偿对农户生计资本影响分析

为了揭示能源开发区生态补偿项目对不同能源开发区农户生计资本影响,以榆林市北部六县为样本区,基于农户调研数据,采取英国国际发展部开发的可持续生计分析框架,建立生计资本评价指标体系。定量评价了能源开发区农户生计现状,进一步解释了生态补偿对农户生计资本影响,为生态补偿理论、实践研究以及实施效率研究提供了一定的补充借鉴。

第一节 榆林市北部六县农户生计资本特征

一、农户生计资本总体特征

从榆林市北部六县的农户生计资本整体现状可以看出,在五种生计资本中,金融资本现状值最高,为0.693;其次是社会资本,现状值为0.332;人力资本和物质资本现状值相比较小,分别为0.252、0.219;自然资本与其他生计资本相比现状值最低,为0.152(见图6-1)。说明研究区能源开发和生态补偿实施不仅促进区域经济发展,给农户带来就业机会,提高农户经济收入水平,也改善当地交通条件、基础设施、教育及医疗水平,提高农户物质生活水平。另外,能源开发和生态补偿实施影响农户生产结构,大面积征地补偿及移民搬迁等影响农户耕地、草地等土地面积和质量,所以农户自然资本现状值较低。

从生计资本内部构成来看,在构成整体生计资本的五种资本组分中,金融资本所占比重最大,达42.08%左右;其次是社会资本,占总资本的20.16%;

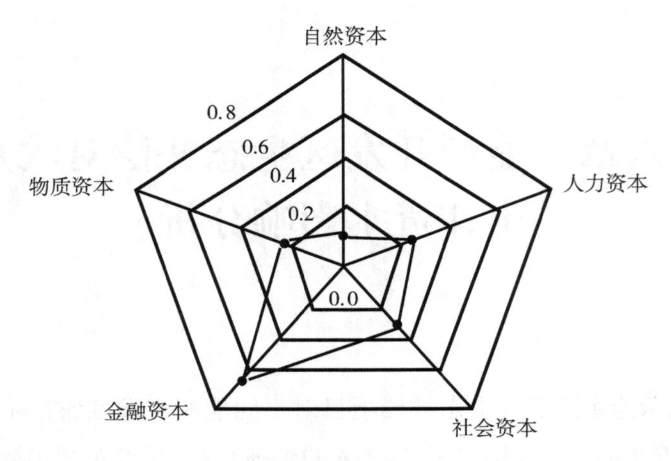

图 6-1 榆林市北六县区农户生计资本状况

人力资本和物质资本所占比重分别为 15.30%、13.30%；自然资本与其他生计资本相比较，所占比重最小，为 9.23%。说明榆林市能源开发及生态补偿实施很大程度上促进当地经济发展，提高农户经济收入和生活水平；另外，对耕地、草地等自然资源造成负面影响，自然资本削减对农户生产形成一定局限性，可以充分发挥利用区域经济优势，提高金融资本、物质资本和人力资本，从而进一步提升农户整体生计资本水平。

二、不同能源开发类型区农户生计资本特征

根据榆林市能源开发与生态补偿实施的实际情况，将样本区分为煤炭资源开发区和油气资源开发区；其中煤炭资源开发区以煤炭资源丰富、开发利用速度快、规模较大的神木市、府谷县等为主；油气资源开发区以定边县和靖边县等石油、天然气储量丰富县域为主。通过对比分析不同区域能源开发生态补偿实施状况及农户生计资本情况，研究能源开发区生态补偿实施对农户生计资本的影响。

从农户生计资本整体情况来看，榆林市农户生计资本整体水平较高且不同能源开发区存在一定差异性（见表 6-1）。煤炭资源开发区农户生计资本为 1.689，较高于油气资源开发区农户生计资本 1.606；其中在人力资本、物质

资本、社会资本方面，煤炭资源开发区分别为 0. 265、0. 221、0. 341，均较高于油气资源开发区。

表 6-1　不同能源开发区农户生计资本状况

类型区	生计资本	自然资本	金融资本	社会资本	人力资本	物质资本
煤炭资源开发区	1. 689	0. 118	0. 745	0. 341	0. 265	0. 221
油气资源开发区	1. 606	0. 186	0. 641	0. 323	0. 240	0. 216
研究区	1. 647	0. 152	0. 693	0. 332	0. 252	0. 219

在自然资本方面，煤炭资源开发区与油气资源开发区资本值分别为 0. 118、0. 186，在所有生计资本中所占比重均最低，分别为 6. 99%、11. 58%，但是区域差异性较大。煤炭资源开发区开发时间悠久、规模较大，占地面积也大，对农户农业生产特别是耕地面积与质量影响较大；另外，煤炭资源开发区生态补偿方式多样，标准较高，农户参与生态补偿后大部分会放弃受到影响的耕地而从事其他生计活动，所以自然资本拥有量较少。油气资源开发区主要以打油井方式进行开采，占地面积较小，对农户农业生产影响相比也较小，大部分农户以种植业和外出务工为主要生计活动，所以自然资本明显比煤炭资源开发区高。

在金融资本方面，煤炭资源开发区与油气资源开发区资本值分别为 0. 745、0. 641，在所有生计资本中所占比重均最高，分别达 44. 11%、39. 91%，区域差异性较大。煤炭资源开发区能源开发速度快、规模大，生态补偿实施方式多样化、标准较高。农户利用生态补偿资金养车从事煤炭运输或者投资商店、饭店、修理厂等以获取丰富利润，很大程度提高收入水平；另外，稳定且较高的收入水平为农户资金借贷提供良好的条件，农户借贷机会较多。油气资源开发区相比较总体开发规模较小，生态补偿标准较低，农户生计活动单一，整体收入水平较低，贷款机会较少，所以金融资本比煤炭资源开发区低。

在其他生计资本方面，煤炭资源开发区社会资本、人力资本和物质资本分别为 0. 341、0. 265、0. 221；油气资源开发区社会资本、人力资本和物质资本分别为 0.323、0.240、0.216。煤炭资源开发区与油气资源开发区能源资源都比较丰富,随着能源开发及生态补偿工程实施,不仅改善了生态环境,也为当地农户提供了用于生产或投资的资金,提高农户整体收入水平,完善基础设施,改善交通情况,丰富农户生活方式,提高了农户生活质量,所以煤炭资源开发区与油气资源开发区的社会资本、人力资本、物质资本均比较高且区域差异性较小。

三、不同县区农户生计资本分析

从能源开发区内部情况来看,不同县区市农户生计资本情况也存在差异性。神木市总体生计资本最高,为 1.7124;其次是府谷县和靖边县,分别为 1.7072、1.6557;榆阳区和横山区与神木市、府谷县相比生计资本较小,分别为 1.6443、1.6052;定边县生计资本在六县区市中最低,为 1.558。

在自然资本方面,定边县自然资本最高,值达 0.2061;其次是靖边县和横山区,值分别为 0.1803、0.1725;府谷县相比均较低,值为 0.1226;神木市自然资本在六县区市中最低,值为 0.0825(见图 6-2)。定边县本身地广人稀、耕地资源比较丰富,主要通过打油井进行油气资源开发,占地面积较小,对当地农户农业生产影响相比较小;生态补偿实施以来自然环境得到恢复,大部分有劳动能力的农户因地适宜,利用生态补偿资金进行农业生产投资,大量承包村里闲置耕地,人均耕地面积高达 8.76 亩,以种植荞麦、胡麻、小米等粮油作物为主,自然资本总值在六县中也最高。神木市恰好相反,大规模的煤炭开发不仅占用大量耕地面积,也导致耕地塌陷、地下水位下降等负面效应,严重影响农业生产;生态补偿实施为当地农户转变生产方式提供良好基础条件,农户积极参与生态补偿工程,以耕地资源为代价换取补偿的同时促使生产方式转变,人均耕地较少,以种植玉米、土豆、蔬菜等日常农作物为主。

在物质资本(见图 6-3)和人力资本方面(见图 6-4),各县区市均比较高且内部差异性较小。因为六县区市都属于能源资源丰富地区,受能源开发和生态补偿影响,提高农户整体经济收入水平和生活质量,农户家庭中日常用品和耐用消费品均比较齐全,物质资本均比较高且各县之间的差异性较小。神

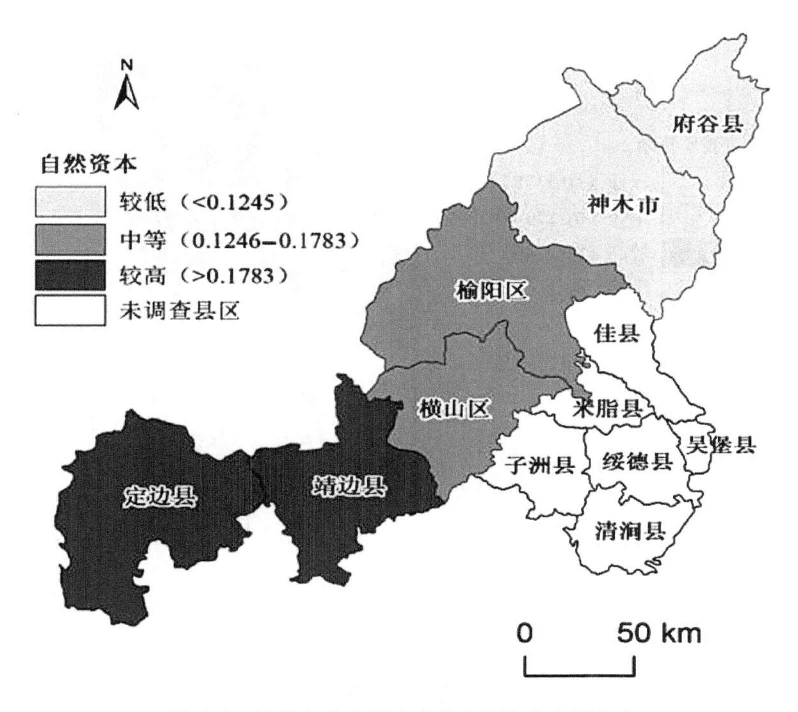

图 6-2　榆林市北六县区农户自然资本空间分布

木市整体劳动力较多，大部分以在本镇务工或自主经营为主，虽然子女上学距离比较远，但是高水平的经济收入足够送其进入良好教育环境，所以整体人力资本仍最高，值为 0. 2701。榆阳区距离市区较近，大部分劳动力以养殖或在市区务工为主，距离校区较近，受教育程度较高，所以人力资本相比较高，值为 0. 2663。定边县整体劳动力较少，距离市区较远，上学成本较高，所以受教育程度低，成为影响其人力资本的重要因素，所以整体人力资本最低，值为 0. 233。

在金融资本方面，神木市和府谷县金融资本相比较高，值分别达 0. 7864、0. 7659；其次是榆阳区和靖边县，值分别为 0. 6785、0. 6731；定边县金融资本值在六县区市中最低，值为 0. 6057（见图 6-5）。能源开发影响及生态补偿的实施促使神木市、府谷县大部分农户转变生产方式，为了获得更多经济效益，大部分农户利用土地补偿、污染补偿等生态补偿资金来开饭

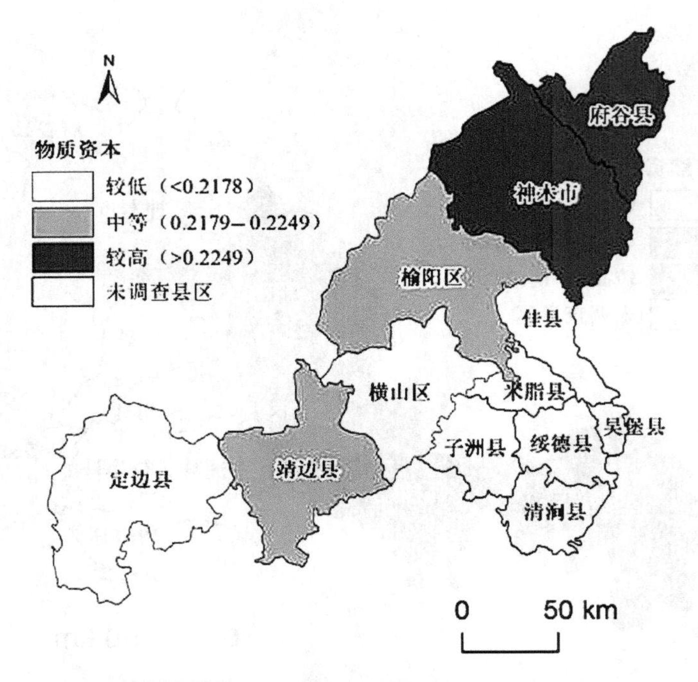

图 6-3　榆林市北六县区农户物质资本空间分布

店、商店、修理厂等进行家庭自主经营，收入来源多样，总体收入水平较高；另外，由于收入较高且稳定，当需要资金时借贷比较容易，所以总体金融资金较高。定边县以种植业为主要收入来源，种植作物以荞麦、胡麻等为主，收入结构与其他县区市相比较单一，部分年轻人外出务工且由于技能水平较低只能通过打零工获得收入，收入水平较低；另外，油气开采占地面积较小，生态补偿实施力度较小、补偿标准较低，获得补偿资金较少，加上来源单一没有保障性的收入资金影响了大部分农户贷款机会，所以整体金融资本与其他县区市相比较低。

在社会资本方面，神木市和榆阳区社会资本值较高，分别为 0. 3503、0. 3423；其次是府谷县和靖边县，资本值分别为 0. 3397、0. 3302；横山区相对资本值较低，为 0. 3263；定边县与其他县区市相比社会资本最低，值为 0. 3152（见图 6-6）。榆阳区距离榆林市中心最近，交通便利，距离学校近，整体教育

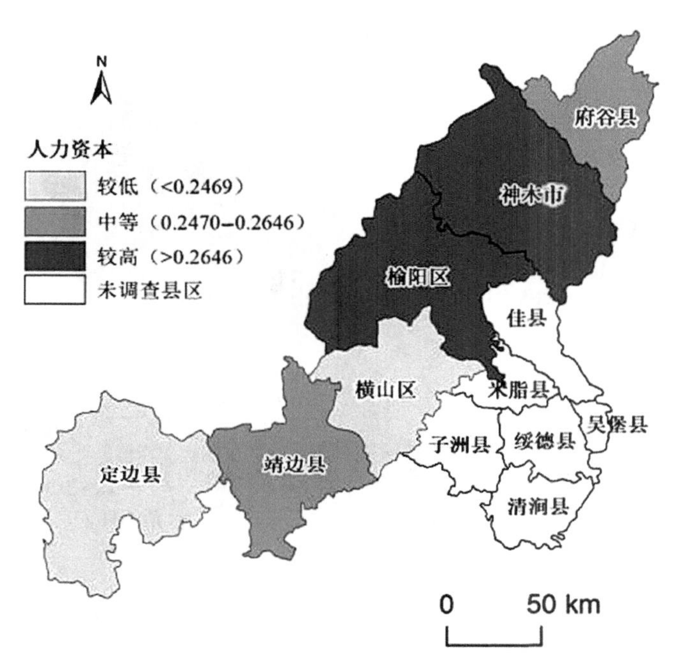

图 6-4　榆林市北六县区农户人力资本空间分布

水平较高；便捷的区位优势和较高的教育水平为榆阳区年轻劳动力就业提供了良好条件，在政府部门工作的机会也有所提高。另外，距离市区较近的区位优势和就业机会促进当地农户与他人交流沟通，扩大人际关系网络，社交来往支出比例也就较高，所以整体社会资本与其他县区市相比较高。定边县地广人稀，主要以农业种植为主，距离县区市较远，以面的或摩托车为主要交通运输方式；虽然与亲戚邻居关系都不错，但社交网络有一定局限性，社交来往在家庭总支出中所占比重相比较小，所以整体社会资本与其他县区市相比较低。

第二节　生态补偿前后农户生计资本分析

对于生态补偿工程，陕西省早在 1997 年已经出台了《陕西榆林、铜川地区征收生态环境补偿费管理办法》，规定本地区从事矿产资源开发及加工和运输矿产产品的个人或单位必须按月缴纳生态环境补偿费，并制定了具体的补

图 6–5　榆林市北六县区农户金融资本空间分布

偿标准。但是榆林市大规模普遍实施生态补偿是在 2010 年以来，各县根据当地实际能源开发情况落实这一政策措施的时间并不完全统一。为了便于分析，文章以在 2013 年实施生态补偿的府谷县新民村为例，通过对样本村农户实施生态补偿前后生计资本情况进行实证对比来分析生态补偿对农户生计资本的影响。

利用各项生计资本指标权重及式(6–1)至式(6–4)对府谷县新民村农户的各类生计资本进行计算，获得农户参与生态补偿实施前后的生计资本值，并运用配对样本 *T* 检验对生态补偿实施前后农户各项生计资本分别进行对比。研究结果显示，农户生计资本总值及五种生计资本值在生态补偿实施前后均存在一定差异。

一、自然资本变化分析

在自然资本方面，农户自然资本值 *T* 检验结果为–8. 74，在 1%的统计水

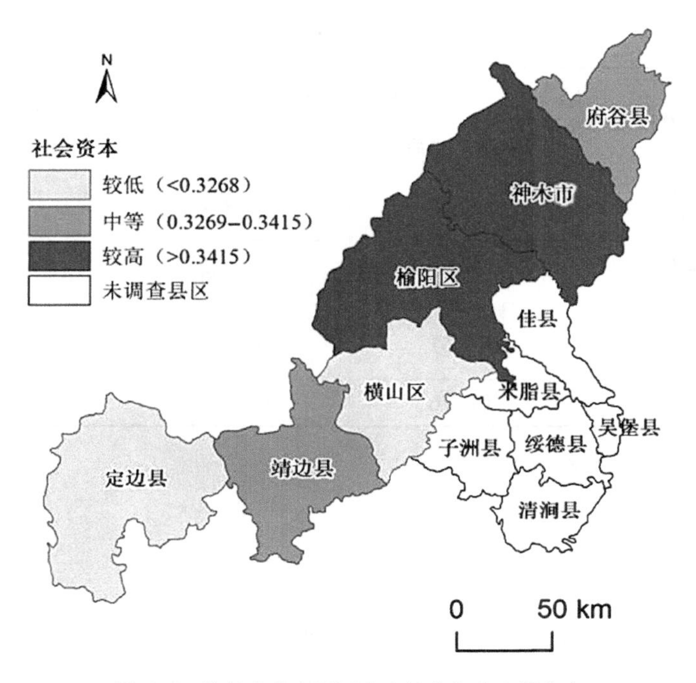

图 6-6　榆林市北六县区农户社会资本空间分布

平上显著，生态补偿实施前后自然资本存在明显差异，农户自然资本值由生态补偿前的 0.1645 大幅度下降至生态补偿后的 0.0776（见表 6-2）。因为新民村实施的生态补偿措施以移民搬迁为主，搬迁后农户生产方式发生转变。煤炭开发以来对环境造成较大的负面影响，水资源污染、耕地塌陷等情况严重影响了农户的生产生活。生态补偿工程实施后企业和当地政府协作对受影响的农户进行整村搬迁，移民后的农户放弃原有的耕地和草地，生产方式由原来的以农业生产和外出务工为主转变为目前的以家庭非农业自主经营和从事煤炭行业为主。农户人均耕地面积由生态补偿实施前的 3 亩下降至目前的 0.48 亩，主要种植一些蔬菜以供自给自足；人均草地面积由生态补偿实施前的 1.8 亩下降至目前的 0 亩。总体来看，以移民搬迁为主的生态补偿实施对农户自然资本产生重大影响，农户耕地、草地、耕地质量值均大幅度下降，由生态补偿前的 0.0807、0.0226、0.0612 分别下降至目前的 0.0425、0、0.0351；农户自然资本及其产出受生态补偿影响表现出较大的脆弱性。

表 6-2　农户自然资本变化

测量指标及权重	测量指标值		T 检验结果
	生态补偿后	生态补偿前	
耕地 I_{11} (0.357)	0.0425	0.0807	
草地 I_{12} (0.328)	0	0.0226	
耕地质量 I_{13} (0.315)	0.0351	0.0612	
自然资本值	0.0776	0.1645	-8.74^{***}

注：*** 表示在 1%的统计水平上显著。

二、物质资本变化分析

在物质资本方面，农户物质资本值 T 检验结果为 4.65，在 1%的统计水平上显著，生态补偿实施前后物质资本存在明显差异，农户物质资本值由生态补偿前的 0.2023 大幅度增加至生态补偿后的 0.2322（见表 6-3）。另外，受生态补偿实施的影响，农户物质资本内部指标也存在一定差异。

表 6-3　农户物质资本变化

测量指标及权重	测量指标值		T 检验结果
	生态补偿后	生态补偿前	
畜牧数量 I_{21} (0.263)	0	0.0405	
住房结构 I_{22} (0.235)	0.1563	0.1052	
住房面积 I_{23} (0.248)	0.0298	0.0341	
家庭耐用消费品 I_{24} (0.254)	0.0461	0.0225	
物质资本值	0.2322	0.2023	4.65^{***}

注：*** 表示在 1%的统计水平上显著。

在畜牧数量上，生态补偿实施后，农户由以种植、养殖等农业活动为主转变为务工、家庭自营等非农业为主，所以畜牧数量值从生态补偿前的 0.0405 明显下降至生态补偿后的 0。在住房结构和住房面积上，生态补偿实施前农户家庭住房主要是由自己修建，住房结构以砖木结构为主，户均住房为 7 间，面积较大；生态补偿实施后，农户被移民搬迁，并按标准规格统一提供住房，住房结构为平房，户均面积为 5 间；所以生态补偿后农户住房结构值由生态补偿前的 0.1052 增加至生态补偿后的 0.1563，住房面积却由 0.0341 下降至生态补偿后的 0.0298。随着生态补偿的实施，农户生活质量得到大幅度提高，太阳能热水器、洗衣机、冰箱等电器普及率增加，家庭耐用消费品值也在很大程度上增加，由生态补偿前的 0.0225 增加至生态补偿后的 0.0461。

三、金融资本变化分析

在金融资本方面，农户金融资本值 T 检验结果为 9.52，在 1%的统计水平上显著，生态补偿实施前后金融资本存在明显差异，农户金融资本值由生态补偿前的 0.6098 大幅度增加至生态补偿后的 0.7413（见表 6-4）。因为新民村生态补偿以移民搬迁为主的同时还按人口进行搬迁补偿和水污染补偿，高额的补偿资金直接增加了农户现金收入；大部分农户利用补偿资金养车、开商店、饭店等进行非农业经营，农户生计非农化指数提高，收入来源多样化，投资利润增加，整体收入水平得到很大程度提高，所以农户人均现金收入值由生态补偿前的 0.3085 大幅度增加至生态补偿后的 0.3671。另外，生态补偿前，农户种植业及牧业规模较小，资金保障弱，贷款较难，大部分通过向亲朋好友借钱来渡过难关；生态补偿实施后，随着农户收入水平提高，投资规模加大，贷款相对容易，农户筹钱机会和信贷机会值都有所增加，分别由生态补偿前的 0.1874、0.1139 增加至生态补偿后的 0.2168、0.1574。

表 6-4　农户金融资本变化

测量指标及权重	测量指标值		T 检验结果
	生态补偿后	生态补偿前	
人均现金收入 I_{31} (0.581)	0.3671	0.3085	
能否筹到钱 I_{32} (0.204)	0.2168	0.1874	
是否有信贷机会 I_{33} (0.215)	0.1574	0.1139	
金融资本值	0.7413	0.6098	9.52***

注：*** 表示在 1%的统计水平上显著。

四、人力资本变化分析

在人力资本方面，农户人力资本值 T 检验结果为 5.83，在 1%的统计水平上显著，生态补偿实施前后人力资本存在一定差异，农户人力资本值由生态补偿前的 0.2319 增加至生态补偿后的 0.2524（见表 6-5）。生态补偿前农户整体受教育程度较低，技能素质较低的年轻人大部分只能以外出从事体力劳动获得收入来源，年龄较大的农户只能留守家中从事农业生产，家庭劳动力特别是男性劳动力缺乏；受生活环境、经济水平、思想意识等各方面因素影响，对子女教育的重视不够，投资力度较小，家庭成员受教育水平较低，医疗条件较差，在劳动力水平、教育水平和健康状况方面都比较低。生态补偿实施后，大部分年轻农户利用补偿资金投资较小自主经营，整体劳动力和男性劳动力水平均有所提高，标准值分别由生态补偿前的 0.0732、0.0849 增加至生态补偿后的 0.0783、0.0874。另外，随着生态补偿实施，农户生活环境发生改变，生活质量和医疗水平都大幅度提高，健康状况得到很大程度改善；经济水平提高和思想意识转变使得农户对子女教育有所重视，投资力度也进一步加大；所以生态补偿后农户受教育程度值和健康状况值也有所增加，分别由 0.0411、0.0327 增加至生态补偿后的 0.0452、0.0415。

表 6-5　农户人力资本变化

测量指标及权重	测量指标值		T 检验结果
	生态补偿后	生态补偿前	
受教育程度 I_{41} (0.245)	0.0452	0.0411	
整体劳动力 I_{42} (0.256)	0.0783	0.0732	
男性劳动力 I_{43} (0.252)	0.0874	0.0849	
健康状况 I_{44} (0.248)	0.0415	0.0327	
人力资本值	0.2524	0.2319	5.83***

注：*** 表示在 1%的统计水平上显著。

五、社会资本变化分析

在社会资本方面，农户社会资本值 T 检验结果为 4.17，在 5%的统计水平上显著，生态补偿实施前后社会资本存在一定差异，农户社会资本值由生态补偿前的 0.3087 增加至生态补偿后的 0.3326（见表 6-6）。因为生态补偿是以整村搬迁为主的，移民搬迁后原有的邻里关系并未改变，在此基础上与当地人产生沟通交流，建立新的人际关系，整体社会关系网络扩大，社会支出比例也有所提高，人际关系值和社会交往支出值分别由生态补偿前的 0.0706、0.0408 增加至生态补偿后的 0.0715、0.0425。另外，生态补偿实施后农户由环境脆弱、交通闭塞地区搬迁至平坦开阔之地，环境良好、交通便利通达，所以交通通达程度值也由生态补偿前的 0.1477 大幅度增加至生态补偿后的 0.1684；领导潜力值由生态补偿前的 0.0496 增加至生态补偿后的 0.0502，增加幅度较低，变化较小。

表 6-6 农户社会资本变化

测量指标及权重	测量指标值		T 检验结果
	生态补偿后	生态补偿前	
人际关系 I_{51}（0.237）	0.0715	0.0706	
交通通达程度 I_{52}（0.248）	0.1684	0.1477	
社会交往支出 I_{53}（0.261）	0.0425	0.0408	
领导潜力 I_{54}（0.254）	0.0502	0.0496	
社会资本值	0.3326	0.3087	4.17**

注：** 表示在 5%的统计水平上显著。

六、农户生计资本总体变化分析

在农户生计资本方面，农户生计资本总值 T 检验结果为 10.34，在 1%的统计水平上显著，生态补偿实施前后生计资本总值存在一定差异，生计资本值由生态补偿前的 1.5172 增加至生态补偿后的 1.6361，增加了 0.1189（见表 6-7）。这是因为，虽然农户自然资本由生态补偿前的 0.1645 下降至生态补偿后的 0.0776，下降了 0.0869；但是金融资本、物质资本、人力资本、社会资本值分别增加了 0.1315、0.0299、0.0205、0.0239。总体来看，研究区农户生计资本值增加主要得益于金融资本、物质资本和社会资本。

表 6-7 生态补偿前后农户生计资本变化

生计资本种类	生计资本值		T 检验结果
	生态补偿后	生态补偿前	
自然资本	0.0776	0.1645	-8.74***
人力资本	0.2524	0.2319	5.83***

续表

生计资本种类	生计资本值		T 检验结果
	生态补偿后	生态补偿前	
物质资本	0. 2322	0. 2023	4. 65***
社会资本	0. 3326	0. 3087	4. 17**
金融资本	0. 7413	0. 6098	9. 52***
生计资本	1. 6361	1. 5172	10. 34***

注：***、** 分别表示在1%和5%的统计水平上显著。

生态补偿实施后农户整体生计资本显著提高。生态补偿实施前后生计资本存在明显差异，农户生计资本值由生态补偿前的1. 5172增加至生态补偿后的1. 6361，增加了0. 1189。其中，生态补偿实施前后农户各金融资本和自然资本的变化幅度相比较大。在自然资本方面，农户自然资本值由生态补偿前的0. 1645大幅度下降至生态补偿后的0. 0776；在金融资本方面，农户金融资本值由生态补偿前的0. 6098大幅度增加至生态补偿后的0. 7413，增加幅度最大；生态补偿实施后农户人力资本、社会资本和物质资本分别增加了0. 0205、0. 0239和0. 0299。这主要是因为研究区生态补偿方式以资金补偿和移民搬迁相结合为主，农户参与生态补偿后自然资本拥有量减少，金融、物质、人力和社会资本明显提高。

第七章　能源开发区生态补偿对农户生计策略影响分析

生计策略是指人们为了达到生计目标而进行的不同活动与选择，包括生产活动、投资策略、再生产选择等。生计策略是通过对资产利用配置和经营来实现的，生计活动在不同的资产背景下具有多样化特性并相互结合呈现出不同的生计策略（伍艳，2016）。Scoones（1998）把生计策略分为两种类型：一是单一的依靠传统农业生产的生计策略，其中粗放型或集约型的农业生产不仅依赖于耕地资源，更重要的是农业生产能力的提高；二是多样化生计，主要表现为外出务工、经营店面、从事个体经营等非农生产（伍艳，2015）。说明农户对生计策略的适当选择在一定程度上不仅决定农户自身生产消费行为活动，也影响其收入来源、收入水平与消费水平。

结合研究区实际情况，将样本农户从不同收入来源分为以农业为主和以非农业为主两大类；其中以农业为主又分为纯农户和农业兼业户，以非农业为主又分为非农业兼业户和非农业户；通过样本农户的生计活动参与情况及生计活动收入水平来分析研究区农户的整体生计策略。

第一节　研究区生计策略特征分析

一、生计活动特征

从农户类型来看，根据榆林市资源开发种类不同，将研究区农户分为煤炭资源开发区农户和油气资源开发区农户；煤炭资源开发区农户主要分布在煤炭资源丰富,资源开发利用速度快、规模较大的神木市、府谷县等县区;油气资源开发区农户主要分布在石油、天然气储量丰富的县域,包括定边县、靖边县等县区。根据农户收入来源、所从事职业,结合研究区生计活动特征,将农户分为以农业为主和非农业为主,其中以农业为主又分为纯农户、农业兼业户,以非农业为主又分为非农业兼业户、非农业户四类;纯农户指家庭非农收入不超过总收入10%的农户,非农业户指家庭生计中从事农业活动的收入比重在10%以下,农业兼业户指家庭收入中农业收入超过非农业收入,非农业兼业户则是指家庭收入中非农业收入超过农业收入。

从农户生计活动参与情况来看,不同类型农户生计参与情况有明显差异性(见图7-1)。纯农户以农林业种植为首要生计活动,所占比重最高,达56.28%;其次是畜牧养殖,所占比重为34.41%;外出务工和非农自营的农户相比较最少,所占比重分别为5.86%、2.45%;农业兼业户参与的生计活动以农林业种植为主,所占比重为40.13%;其次是畜牧养殖活动,参与的农户所占比重为31.46%;参与外出务工的农户与其他类型农户相比较少,所占比重为23.27%;参与非农自营的农户最少,只占样本总量的5.14%。非农业兼业户参与的生计活动以外出务工为主,所占比重为41.86%;其次是非农自营和农林业种植,所占比重分别为20.24%、19.53%;参与畜牧养殖的农户与其他收入来源农户相比较少,所占比重为17.37%。非农业户以外出务工为主要生计活动和获取收入的手段,所占比重高达58.43%;其次是非农自营,参与的农户所占比重为30.72%;参与农林业种植和畜牧养殖的农户在这一类型中最少,分别占样本总量的6.14%、4.71%。说明纯农户和农业兼业户参与的生计活动以农林业种植和畜牧养殖为主,非农业户和非农业兼业户则将外出务工和非农自营作为其首要生计活动。

二、生计策略特征

从农户生计策略收入现状来看(见表7-1),不同类型农户收入与支出情况都存在明显差异性。纯农户和农业兼业户家庭收入中农林业种植收入所占比重均最高,分别为42.65%、30.58%;其次是转移性收入和畜牧养殖

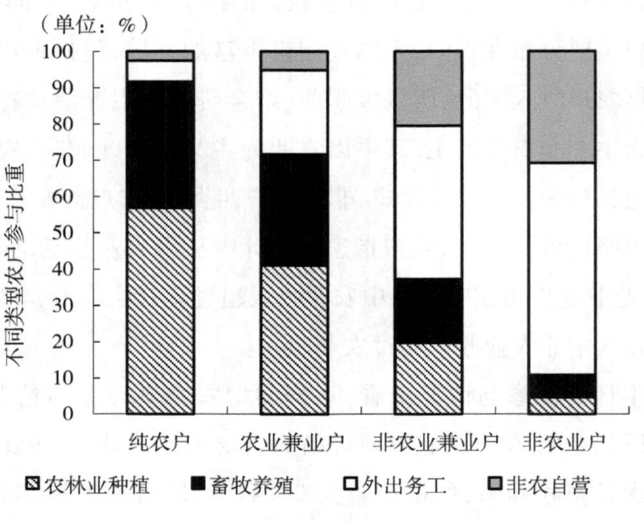

图 7-1　不同类型农户生计活动参与现状

收入，农业户所占比重分别为 20. 32%、25. 78%，农业兼业户分别为 18. 71%、27. 25%；非农自营在纯农户和农业兼业户家庭收入中所占比重均最低，分别为 2. 05%、4. 15%；在消费支出方面，纯农户和农业兼业户家庭支出均以生产支出为主，所占比重分别为 31. 57%、27. 42%；其次是生活支出和社会交往支出，纯农户所占比重分别为 21. 43%、18. 13%，农业兼业户分别为 24. 53%、20. 37%；教育支出在这两个类型农户家庭中所占比重均最低，分别为 10. 35%、12. 55%。

表 7-1　不同类型农户生计策略收支比例　　（单位：%）

生计收入	纯农户	农业兼业户	非农业兼业户	非农业户
农林业种植收入	42. 65	30. 58	10. 13	5. 12
畜牧养殖收入	25. 78	27. 25	13. 42	3. 21
外出务工收入	6. 21	16. 32	36. 26	43. 17
非农自营收入	2. 05	4. 15	21. 04	23. 45
转移性收入	20. 32	18. 71	19. 15	25. 06

续表

生计收入	纯农户	农业兼业户	非农业兼业户	非农业户
生产支出	31.57	27.42	10.25	6.53
生活支出	21.43	24.53	30.58	29.47
社会交往支出	18.13	20.37	27.13	25.15
教育支出	10.35	12.55	13.62	16.32
医疗支出	18.52	15.13	18.42	22.53

非农业户和非农业兼业户家庭收入中外出务工收入所占比重均最高，分别为43.17%、36.26%；其次是转移性收入和非农自营收入，非农业户所占比重分别为25.06%、23.45%，非农业兼业户分别为19.15%、21.04%；农林业种植收入在非农业户和非农业兼业户家庭收入中所占比重均最低，分别为5.12%、10.13%；在生产支出方面，非农业户和非农业兼业户家庭支出中生产支出所占比重均较小，分别为6.53%、10.25%；此外，生活、医疗、社会交往、教育等各方面支出均比较高，且差异性较小。

第二节　不同区域生计策略差异分析

一、生计活动参与情况分析

从研究区生计活动整体参与情况来看，六个县区市中共有117户农户参与了农林业种植活动，占样本总量的39%；有72户农户参与了畜牧养殖活动，所占比重为24%；有149户农户参与了外出务工活动，所占比重为49%；有96户农户参与了非农自营活动，占样本总量的32%；说明研究区生态补偿实施以来生计活动多样化且存在明显的区域差异性。

不同能源开发区农户的生计活动参与情况见表7-2。

表 7-2 不同能源开发区生计活动参与情况

生计类型	生计活动参与比例/%		差异性 *T* 检验	
	煤炭资源开发区	油气资源开发区	T 值	Sig 值
农林业种植	34	71	-3.97***	0.00
畜牧养殖	22	28	-1.43**	0.05
外出务工	52.5	45	1.05*	0.07
非农自营	37.5	22	2.86***	0.00

注：***、** 和 * 分别表示在 1%、5%和 10%的统计水平上显著。

煤炭资源开发区和油气资源开发区之间存在显著的差异。其中在农林业种植方面的差异性最大，油气资源开发区农户参与农林业种植活动所占比重高达 71%，明显高于煤炭资源开发区（34%）；其次是非农自营方面，煤炭资源开发区参与比重为 37.5%，明显高于油气资源开发区的 22%；畜牧养殖方面煤炭与油气资源开发区农户参与的差异性相比较小，所占比重分别为 22%、28%；外出务工方面煤炭与油气资源开发区农户参与比重均较大，分别为 52.5%、45%，且差异性在各项生计活动参与方面最小。这主要因为煤炭资源开发活动占用土地面积较大，普遍造成土地塌陷、土壤污染、大气污染、水资源污染等一系列负面效应，严重影响农户生产活动；另外，生态补偿以资金补偿和移民搬迁相结合为主，生态补偿措施实施后大部分农户转变生产活动，放弃原有的农业种植，解放劳动力进工厂务工或利用补偿资金进行非农自营，所以农户参与的生计活动以外出务工和非农自营为主。研究区油气资源开采以油气资源开发为主，占用农户土地面积较少，生态补偿方式以资金补偿为主，传统的农业生产仍然占据着主要地位，农林业种植和外出务工是油气资源开发区的主要生计活动，非农自营活动参与比重较小。

从不同县区农户对各项生计活动的参与情况来看，各县区市之间存在显著差异性（见图 7-2）。在农林业种植方面，定边县参与农户最多，有 41 户，所占比重高达 80%；其次是靖边县，有 31 户，所占比重为 62%；榆阳区和横山区农户参与程度较低，所占比重分别为 46%、44%；府谷县参与农林业种植活动的农户最少,有 10 户,所占比重为 20%。在畜牧养殖方面,榆阳区参与农户最多,有 30 户,所占比重达 60%;其次是定边县和靖边县,分别有 15 户、13 户,所占比重分别为 30%、26%;神木市参与农户最少,只有 3 户,所占比重为 6%。在外出务工方面,府谷县参与农户最多,有 32 户,所占比重达 64%;其次是靖边县和横山区,分别有 29 户、28 户,所占比重分别为 58%、56%;定边县参与外出务工的农户最少,有 16 户,所占比重为 32%。在非农自营方面,神木市参与农户最多,有 29 户,所占比重达 58%;其次是府谷县,有 21 户农户参与,所占比重为 42%;榆阳区和靖边县参与非农自营的农户相比较少,所占比重分别为 28%、26%;定边县参与非农自营活动的程度最低,只有 9 户,所占比重为 18%。说明各县区市对外出务工活动的参与性均比较高且差异性较小,在农林业种植、畜牧养殖和非农自营活动方面的差异性加大;其中神木市和府谷县都以外出务工和非农自营为主,对农林业种植和畜牧养殖活动的参与程

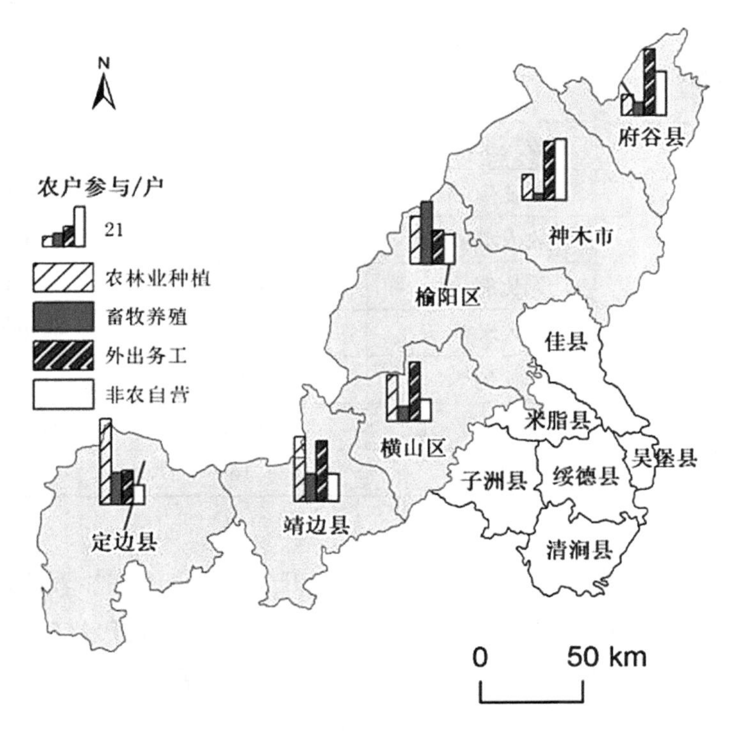

图 7-2　样本农户生计活动参与性的空间差异

度比较低；榆阳区生计活动以畜牧养殖为主，对非农自营活动有一定的参与度；横山区和靖边县都以外出务工和农林业种植为主要生计活动，定边县以农林业种植为主要生计活动，对外出务工和非农自营活动的参与度都比较低。

二、生计活动收入水平分析

除了以上四种生计活动，农户收入来源还包括政府补贴、生态补偿资金等转移性收入以及其他收入。不同能源开发区农户的生计活动收入水平及构成如表 7-3、图 7-4 所示。

表 7-3 不同能源开发区收入水平及构成情况

收入来源	收入水平与比例	煤炭资源开发区	油气资源开发区
农林业种植收入	收入水平/元	2651.48	7458
	比例/%	11.02	30.71
畜牧养殖收入	收入水平/元	4611.39	1448
	比例/%	13.77	8.63
外出务工收入	收入水平/元	20658.42	15440
	比例/%	30.52	28.54
非农自营收入	收入水平/元	12385	6420.75
	比例/%	18.96	11.55
转移性收入	收入水平/元	18670.13	9420.75
	比例/%	20.57	15.78
其他收入	收入水平/元	658.42	2943.75
	比例/%	5.16	4.79

可以看出，煤炭资源开发区和油气资源开发区之间存在显著的差异。在农林业种植收入方面不同能源开发区差异最大，油气资源开发区收入水平及其占家庭总收入比重（7458 元、30.71%）均显著高于煤炭资源开发区（2651.48 元、11.02%）；其次是非农自营收入，煤炭资源开发区非农自营收入水平及在家庭总收入中的比例分别为 12385 元、18.96%，均显著高于油气资

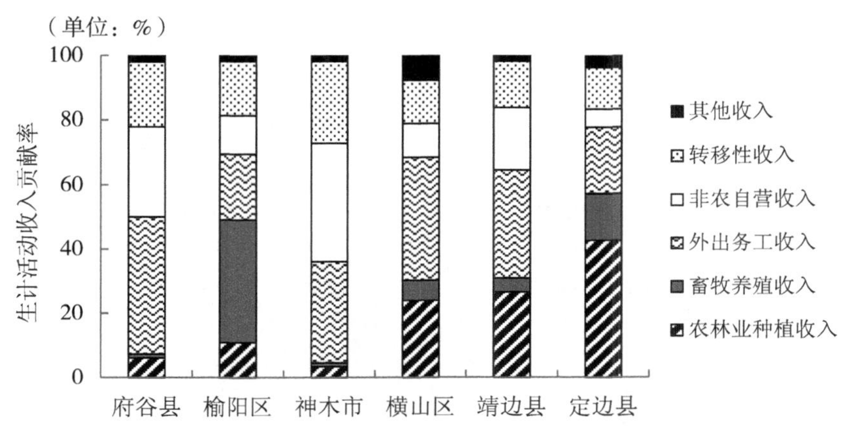

图 7-3　样本县区各项生计活动收入贡献率差异

源开发区(6420.75 元、11.55%)；在转移性收入方面不同资源开发区也存在一定差异性，煤炭资源开发区转移性收入水平与所占比重分别为 18670.13 元、20.57%，较高于油气资源开发区(9420.75 元、15.78%)；在外出务工收入方面，虽然在煤炭资源开发区与油气资源开发区之间的务工收入水平差异较大，分别为 20658.42 元、15440 元，但外出务工收入占家庭总收入比例与其他收入水平所占比重相比差异最小，分别为 30.52%、28.54%。因为油气资源开发区农户耕地面积较多，以传统的农林业种植为主要收入来源；农户整体文化素质及技能水平较低，外出务工以打零工为主，务工收入不稳定且水平较低；由于封山禁牧原因造成畜牧养殖规模较小；因此，除了农林业种植外其他生计活动收入水平及占家庭总收入水平均比较小。煤炭资源开发区农户受煤炭开发和生态补偿影响，耕地面积较低，转变生计活动方式，以外出务工和非农自营为主要收入来源；部分农户因地制宜利用补偿资金购买家畜，扩大养殖规模，所以畜牧养殖收入也占有一定比例；另外，煤炭资源开发区实施生态补偿方式多样，补偿资金较多，所以转移性收入水平及所占比重也较高。

各县生计收入水平及其构成均存在显著差异性(见图 7-4、图 7-5、图 7-6、图 7-7)：外出务工收入对农户收入差异贡献率都比较高，值为 31.67%；其次是转移性收入，值为 16.27%；农林业种植和非农自营的贡献率在各县区市之间差异性较大。

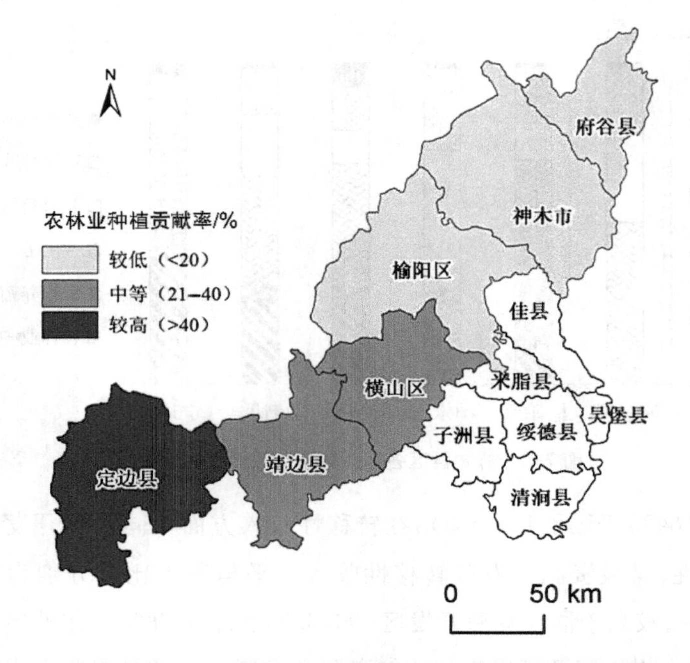

图 7-4　榆林市北六县区农林业种植对农户生计的贡献率空间差异

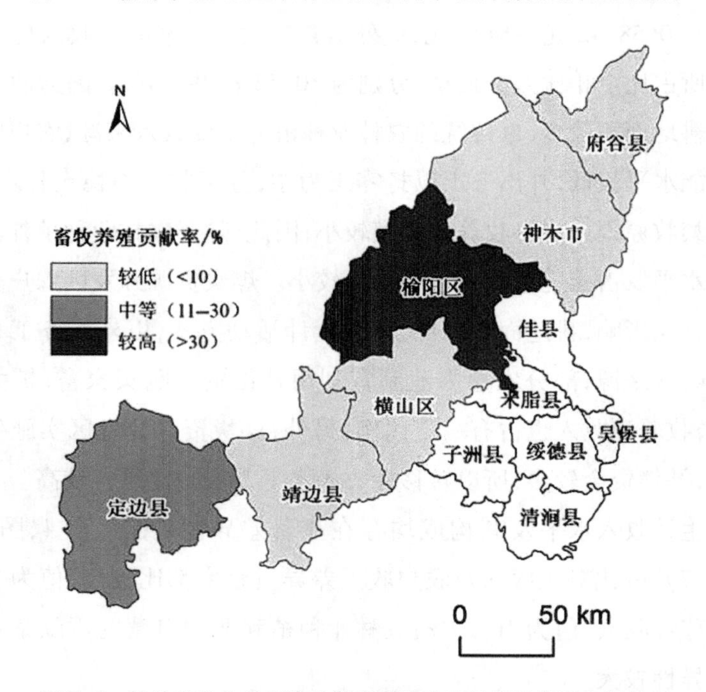

图 7-5　榆林市北六县区畜牧养殖对农户生计的贡献率空间差异

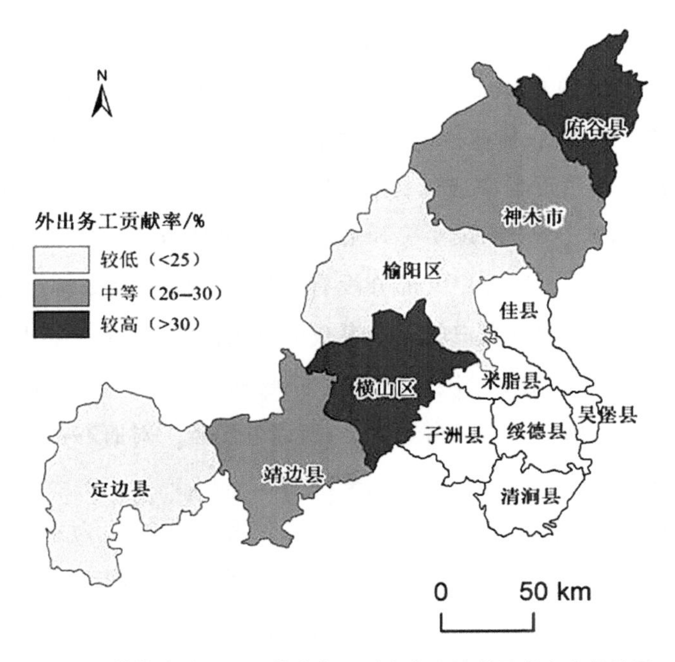

图 7-6　榆林市北六县区外出务工对农户生计的贡献率空间差异

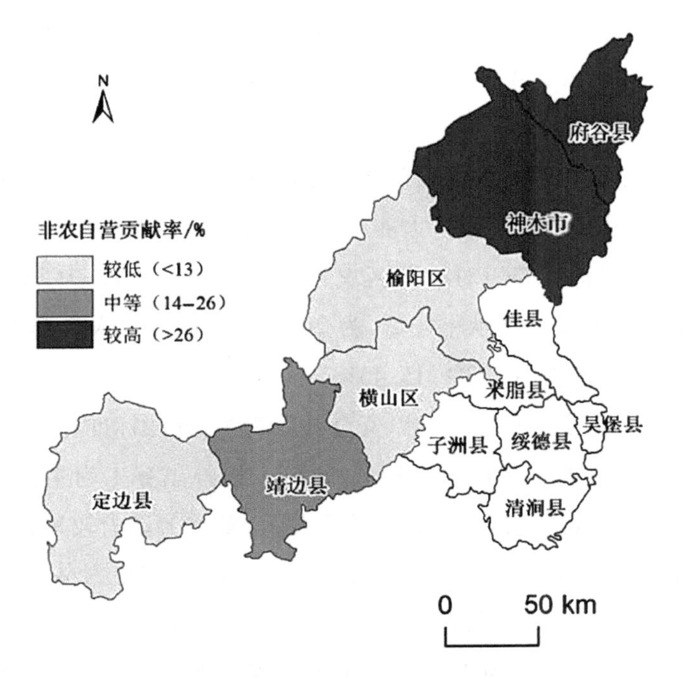

图 7-7　榆林市北六县区非农自营对农户生计的贡献率空间差异

府谷县农户以外出务工为主要收入来源，务工收入水平及其贡献率(27942.31元、42.69%)均最高；其次是非农自营和转移性收入，贡献率分别为27.91%、20.01%；农林业种植收入贡献率与其他生计活动收入相比较小，为6.13%；畜牧养殖贡献率最低，只有1.21%。主要因为府谷县样本农户主要分布在万达煤矿、金宏湾煤矿等开采区，生态补偿方式以移民搬迁和补偿资金相结合，新民村等搬迁农户大部分没有耕地、草地，生计来源以直接或间接从事能源务工为主，部分农户养车运煤获得收入；许家梁等非搬迁农户则以利用补偿资金修建房屋出租给煤矿工人为主获得收入来源，人均耕地、草地面积较少，种植的农作物主要用来自给自足；所以外出务工对府谷县农户收入贡献率最高，农林业种植和畜牧养殖贡献率较小。

神木市样本区生态补偿方式以资金补偿和实物补偿为主，补偿标准较高，农户利用高额资金自主移民搬迁或投资、养车、开商店、饭店、修理厂等从事非农自营活动；部分农户进煤矿工厂务工，土地大面积撂荒，基本不从事规模性养殖业；所以非农自营收入对神木市农户收入贡献率最高，为36.79%。其次是外出务工，贡献率为31.48%；与其他县区市相比转移性收入贡献率较高，为25.24%；农林业种植和畜牧养殖的贡献率较低，分别为3.44%、1.13%。

榆阳区样本区以养羊为主，有一定耕地，草地拥有量与其他县区市相比较多；大部分农户利用补偿资金扩大养殖规模，部分年轻人从事运输个体户，外出务工较少；所以畜牧养殖对榆阳区农户收入贡献率最高，为38.16%；外出务工与其他县区市相比贡献率较低，为20.4%；转移性收入和非农自营也具有一定贡献率，分别为16.73%、15.45%。

横山区样本区生态补偿方式以资金补偿为主，补偿标准和实施力度方面都比煤炭开发区其他县区市明显较低，年轻人以外出务工为主，留守老人较多，以农林业种植或在矿区捡碎石头获取收入，整体劳动力较短缺；所以外出务工对横山区农户收入贡献率最高，为38.28%；其次是农林业种植，为23.97%；虽然补偿标准较低，但留守老人较多，大部分领取养老金，所以转移性收入也有一定贡献率，为13.31%；非农自营贡献率较低，为10.45%，且外出务工农户转移素质和技能水平较低，只能以打零工为主，影响农户整体收入水平。

靖边县以油气资源开发为主，生态补偿方式以按占地面积补偿和人均补偿相结合，年轻农户以从事直接或间接能源工作为主，部分利用补偿资金投资从事非农自营，收入水平与打零工相比较稳定；留守成员以农林业种植为主，人均耕地面积相比较多，养殖较少；所以外出务工对靖边县农户收入贡献率最高，为 33. 58%；其次是农林业种植，贡献率为 23. 97%；非农自营和转移性收入也有一定贡献率，分别为 19. 25%、14. 41%；养殖业贡献率较低，为 4. 37%。

定边县样本区农户主要以传统种植业为主，大部分农户利用补偿资金承包土地，扩大种植规模，种植类型以荞麦、胡麻等作物为主，部分年轻人外出打零工或从事非农自营；所以农林业种植对定边县农户收入贡献率最低，为 42. 71%；其次是外出务工，贡献率为 20. 52%；畜牧养殖对农户收入也具有一定贡献率，为 14. 56%；转移性收入和非农自营对农户收入贡献率较低，分别为 12. 89%、5. 54%。

第三节　生态补偿对农户生计策略影响分析

一、变量选择

根据研究区实际情况设置变量，因变量分为生计活动参与（Y_1—Y_4）和生计活动收入（Y_5—Y_8）两大部分，自变量包括生态补偿（P）、生计资本（X）两大部分（见表 7-4、表 7-5）。

研究区农户的生计策略以农林业种植、畜牧养殖、外出务工和非农自营活动为主。其中，农林业种植活动以玉米、土豆、豆类等传统粮食作物为主，此外还包括种植豆子、枣树等经济作物；畜牧养殖主要指饲养牛、羊、猪等用于家庭消费或出售的牲畜；外出务工是指家庭成员外出进行非农务工且年内累计超过 3 个月以上的行为，其他因素（例如工作、上学、结婚等）导致户籍发生变化的行为除外；非农自营活动指经营店面、搞个体经营等在当地进行非农自营的行为（李聪等，2013）。

因变量包括生计活动参与和生计活动收入两部分，生计活动参与分别为“是否参与农林业种植”、“是否参与畜牧养殖”、“是否有成员外出务工”和“是否参与非农自营活动”，均为虚拟变量（参与该类生计活动=1，没有参与该类生计活动=0）（李聪等，2013）；生计活动收入包括各项生计活动收入占家庭总收入比重。自变量包括生态补偿因素和生计资本因素两个方面，用以反映生态补偿政策措施实施下影响农户生计策略的主要因素。本书用农户“是否参与生态补偿”和“人均补偿资金”两个自变量来反映生态补偿因素，通过各项生计资本具体指标来反映生计资本因素，对变量的描述性统计分析结果见表7-4、表7-5。

表7-4 因变量及其含义赋值

因变量	代码	变量名称	变量含义与赋值
生计活动参与	Y_1	是否参与农林业种植	参与=1 没有参与=0
	Y_2	是否参与畜牧养殖	
	Y_3	是否有成员外出务工	
	Y_4	是否参与非农自营活动	
生计活动收入	Y_5	农业收入水平	种植业收入占家庭总收入比重
	Y_6	畜牧养殖收入水平	家畜养殖收入占家庭总收入比重
	Y_7	外出务工收入水平	务工收入占家庭总收入比重
	Y_8	非农自营收入水平	非农自营收入占家庭总收入比重

表7-5 自变量及其含义赋值

自变量	代码	变量名称	变量描述
生态补偿因素 P	P_1	是否参与生态补偿	参与=1　没有参与=0
	P_2	生态补偿金额	人均生态补偿金额/元

续表

自变量	代码	变量名称	变量描述
生计资本 X	X_1	耕地面积	人均耕地面积
	X_2	草地面积	人均草地面积
	X_3	耕地质量	单位面积玉米产量
	X_4	牲畜数量	根据表3-4赋值
	X_5	房屋面积	房屋间数
	X_6	家庭耐用消费品	耐用消费品选择数量
	X_7	人均收入	家庭人均纯收入
	X_8	是否能筹到钱	是=1　否=0
	X_9	是否有信贷机会	是=1　否=0
	X_{10}	劳动力文化程度	根据表3-6赋值
	X_{11}	劳动力水平	家庭劳动力数量
	X_{12}	家庭男性劳动力	男性劳动力数量
	X_{13}	劳动力健康状况	根据表3-4赋值
	X_{14}	人际关系	按关系非常好、较好、一般、不好、非常不好赋值5、4、3、2、1
	X_{15}	交通通达程度	偏远=1　中等通达=2　通达=3
	X_{16}	社会交往支出	社会交往支出所占比例
	X_{17}	家庭领导潜力	有无政府工作成员　是=1　否=0

二、模型构建

根据可持续生计框架和研究区实际现状，样本农户生计策略受到生态补偿实施情况和生计资本因素共同影响，进而得出生计结果。以研究区实际调研数据为基础，选取Logistic回归模型和一般多元线性回归模型，进行相关分析。

（一）Logistic回归模型

在回归模型中，当被解释变量为二分变量（生计策略、生计结果），解释变量同样包括一个因变量为二分类变量的时候通常运用 Logistic 回归模型方法来进行研究分析;这种模型方法的本质是以抽样数据为基础,为各自变量产生回归系数,然后通过这些系数来探讨分析模型中自变量与因变量之间的相互关系。Logistic 回归模型主要预测事件发生概率或者不发生的概率,设 P 为事件发生概率,取值范围为 0—1,则 $1-P$ 为该事件不发生的概率,模型计量方程设定如下:

$$P=\frac{\exp(\beta_0+\beta_1X_1+\beta_2X_2+\beta_3X_3+\cdots+\beta_kX_k)}{1+\exp(\beta_0+\beta_1X_1+\beta_2X_2+\beta_3X_3+\cdots+\beta_kX_k)} \tag{7-1}$$

Logistic 函数是协变的非线性函数,对公式(7-1)进行 log*it* 变换以便求回归系数,即将比数 $P/(1-P)$ 取对数 $\ln[P/(1-P)]$,记为 $\mathrm{log}it(P)$ 。

$$\ln[P/(1-P)]=\beta_0+\beta_1X_1+\beta_2X_2+\beta_3X_3+\cdots+\beta_kX_k \tag{7-2}$$

$$\mathrm{log}it(P)=\beta_0+\beta_1X_1+\beta_2X_2+\beta_3X_3+\beta_4X_4+\beta_5X_5+\beta_6X_6+\beta_7X_7+\beta_8X_8+\beta_9X_9+\beta_{10}X_{10}+\beta_{11}X_{11}+\beta_{12}X_{12}+\beta_{13}X_{13}+\beta_{14}X_{14}+\beta_{15}X_{15}+\beta_{16}X_{16}+\beta_{17}X_{17}+\beta_{18}P \tag{7-3}$$

式(7-3)中,模型左侧为 log*it*,是时间发生概率的自然对数;参数 β_0,$\beta_1-\beta_{18}$ 为待求回归系数;P、X 为自变量,X_1—X_3、X_4—X_6、X_7—X_9、X_{10}—X_{13}、X_{14}—X_{17} 分别代表了农户自然资本、物质资本、金融资本、人力资本、社会资本变量;P 为生态补偿政策变量,有两种形式,第一种为"是否参与生态补偿(参与=1)"二分变量,第二种为"生态补偿资金"连续变量,以此来全面衡量分析生态补偿政策实施对农户生计影响。

(二)一般多元线性回归模型

运用一般多元线性回归模型,将生计策略中的连续变量作为被解释变量,将农户各项生计资本和生态补偿措施作为解释变量,其中各项生计资本作为控制变量,外生变量为生态补偿政策措施;然后根据各项变量进行回归运算分析,得到回归结果,以此为基础分析探讨在控制家庭生计资本及其他因素影响下生态补偿政策对被解释变量的影响。根据确定的变量,建立以下模型方程:

$$Y_i=\beta_0+\beta_1X_{1i}+\beta_2X_{2i}+\beta_3X_{3i}+\beta_4X_{4i}+\beta_5X_{5i}+\beta_6X_{6i}+\beta_7X_{7i}+\beta_8X_{8i}+$$

$$\beta_9X_{9i}+\beta_{10}X_{10i}+\beta_{11}X_{11i}+\beta_{12}X_{12i}+\beta_{13}X_{13i}+\beta_{14}X_{14i}+\beta_{15}X_{15i}+\beta_{16}X_{16i}+\beta_{17}X_{17i}+\beta_{18}P_i+u_i \tag{7-4}$$

公式(7-4)中，i代表各个有效的农户样本，β_1—β_{18}为待求系数，β_0代表截距项；Y代表被解释变量，主要包括生计活动和生计活动收入指标中的连续变量；P、X为解释变量，X_1—X_3、X_4—X_6、X_7—X_9、X_{10}—X_{13}、X_{14}—X_{17}分别表示农户自然资本、物质资本、金融资本、人力资本和社会资本变量；P为生态补偿政策变量，有两种形式，第一种为“是否参与生态补偿（参与=1）”二分变量，第二种为“生态补偿资金”连续变量，u_i为随机干扰项，表示未列入模型中的所有其他可能影响被解释变量因素。

利用SPSS 20.0软件对有效样本中农户相关数据进行回归分析，当因变量为“是否参与生计活动”（Y_1、Y_2、Y_3、Y_4，二分变量）时，采用Logistic回归模型；当因变量为“生计活动收入”（Y_5、Y_6、Y_7、Y_8，连续性变量）时，采用一般多元线性回归模型。对每一个因变量Y_i都分别进行两种模型的拟合，两种模型需改变自变量中的生态补偿变量P：模型一中生态补偿变量为“是否参与生态补偿”，自变量组为P_1、X_1—X_{17}；模型二中生态补偿变量为“人均生态补偿资金”，自变量组则为P_2、X_1—X_{17}。在回归模型拟合过程中，对模型进行了相关检验。

三、生态补偿对农户生计活动选择的影响

生态补偿对农户生计活动选择影响的回归模型结果见表7-6。

表7-6　生态补偿对农户生计活动选择影响的回归模型结果表

自变量＼因变量		Y_1		Y_2		Y_3		Y_4	
		模型一	模型二	模型一	模型二	模型一	模型二	模型一	模型二
P	P_1	-0.919***	—	-0.624	—	1.467***	—	1.294*	—
	P_2	—	-0.673***	—	-0.451*	—	-1.224**	—	1.315***

续表

自变量＼因变量		Y_1		Y_2		Y_3		Y_4	
		模型一	模型二	模型一	模型二	模型一	模型二	模型一	模型二
自然资本	X_1	2.743***	2.589***	0.092**	0.064**	-0.106***	-0.149***	-0.057***	-0.026***
	X_2	1.959*	1.685*	47.366***	62.603***	0	0	-0.793***	-0.786***
	X_3	0.521***	0.506*	-0.010	-0.132	-0.282***	-0.219***	0	0
物质资本	X_4	0.103**	0.084**	19.442***	20.752***	-0.047***	-0.051***	-0.04***	-0.043***
	X_5	-0.086	-0.022	9.015	7.004	-0.143	-0.062	0.221**	0.229**
	X_6	0.006	0.026	7.751	7.891	-0.047	-0.073	0.347*	0.397*
金融资本	X_7	0.023	0.016*	0.003	0.106	0.653	0.542	0.411***	0.436***
	X_8	1.067*	0.736	1.007	2.583	1.051	0.543	0.587***	0.233***
	X_9	0.140	0.259	69.248	86.325	0.317	0.784	0.305***	0.35***
人力资本	X_{10}	-0.189	-0.139	-57.889**	-73.995**	0.632**	0.781**	0.271**	0.301**
	X_{11}	0.379	0.281	1.452***	1.063***	0.101***	0.033***	-0.262	-0.265
	X_{12}	-0.483**	-0.432**	-2.112	-1.484	1.439***	1.485***	0.688	0.714
	X_{13}	2.825***	2.738***	1.053**	1.562**	9.562***	9.945***	381.000	1.019
社会资本	X_{14}	0.223	0.145	12.026	22.999	-0.516	-0.641	0.161	0.226
	X_{15}	-0.632*	-0.678*	-27.806	-56.228	-0.125	-0.324	0.125**	0.097**
	X_{16}	1.165	1.099	-3.973	-4.781	-45.693*	-45.408*	2.521	2.517
	X_{17}	0.830	0.648	1.001	1.133	20.466	21.355	-1.017*	-1.013*
模型拟合	R^2修正值	0.533	0.538	0.638	0.638	0.626	0.632	0.574	0.563

注：***、** 和 * 分别表示在 1%、5%和 10%的统计水平上显著。

（一）对农林业种植活动参与的影响

从“是否参与”和“补偿资金”角度来看，生态补偿对农户“是否参与农林业种植”活动（Y_1）都有负向影响作用，且该影响通过了统计学意义的显著性检验在1%的水平上显著，值分别为-0.919、-0.673；说明越多农户参与生态补偿，对农业种植活动参与、选择就会越低。这是因为研究区大部分县区市实施的生态补偿措施以资金补偿、移民搬迁等为主，补偿资金标准以不同土地类型和面积为主,大部分农户参与生态补偿是以耕地或草地为代价;参与生态补偿后利用耕地获得高额补偿资金,生产方式由原来以农林业种植为主的传统生计活动转变为参与其他能获取更大利润的多样化生计活动,所以无论是从"是否参与"还是"补偿资金"角度看,生态补偿对大部分农户参与农业种植活动都有显著的负面影响作用。

从生计资本方面来看,影响农户参与农林业种植活动最显著的正向作用集中在自然资本和人力资本中的健康状况因素,均在1%的统计水平上显著;人力资本中的男性劳动力水平对农户参与农林业种植活动的负面影响比较明显,在5%的统计水平上显著,值分别为-0.483、-0.432。这是因为耕地面积、耕地质量等自然资本是农户进行农业生产活动的基础,健康水平高低直接影响农户劳动力质量,从而影响农户对生计活动的参与能力。另外,研究区大部分农户家庭男性特别是年轻男性都是以外出务工或进行自主经营等非农业活动为主,所以男性劳动力对参与农林业种植活动有一定负面影响作用。

（二）对畜牧养殖活动参与的影响

生态补偿对农户"是否参与畜牧养殖"活动（Y_2）影响从"是否参与"角度看具有一定负向影响作用,但是影响并不显著,无法通过统计学意义上的显著性检验;从"补偿资金"角度看负向影响虽然通过检验但是显著性较低,在10%的统计水平上显著,值为-0.451。这是因为农户对畜牧养殖活动的参与是由当地的自然环境、生产条件、家庭生产方式习惯和相关政策决定和影响的,如神木市、府谷县各样本乡镇受"禁牧"等政策限制及生产方式和条件影响,大部分农户对畜牧养殖活动的参与程度较低、规模较小,所以生态补偿对农户参与畜牧养殖活动的整体影响不够显著。

从生计资本方面来看,影响农户参与畜牧养殖活动最显著正向影响因素集中在草地面积、畜牧数量和劳动力水平,均在1%的统计水平上显著;耕地面积、劳动力健康状况因素对农户参与畜牧活动影响较明显,均在5%的统计水平上显著;人力资本中的文化水平对农户参与畜牧养殖活动具有一定的负面影响作用,也在5%的统计水平上显著。这是因为草地面积、耕地面积、质量等自然资本能够为畜牧养殖提供必要的生产资料,劳动力数量也会对畜牧养殖活动的参与、规模和效益产生较大的影响作用。

（三）对外出务工活动参与的影响

生态补偿对农户“是否有成员外出务工”活动（ Y_3 ）影响从“是否参与”角度看有明显正向影响作用，该影响通过了统计学意义的显著性检验在1%的水平上显著，值为1.467；从“补偿资金”角度来看却有一定的负向影响作用，通过统计学意义的显著性检验在5%的水平上显著，值为-1.224。说明生态补偿参与因素对农户参与外出务工活动的正向影响显著，生态补偿参与度越高对外出务工活动的选择性越高；生态补偿资金对农户参与外出活动的负向影响作用也比较显著，即生态补偿资金越多、金额越大，农户参与外出务工程度越低。这是因为研究区农户参与生态补偿很大程度上以土地资源为代价，如横山区、靖边县大部分农户参与生态补偿后耕地、林地、草地等土地拥有量大幅度减少，原本从事农业种植活动的劳动力富余，选择外出务工以获得收入来源。另外，生态补偿以移民搬迁形式实施会造成劳动力转移，在这一大背景下，农户生产方式完全发生改变，外出务工就成了这些农户为了获得收入而选择的主要的生计策略；所以生态补偿参与情况会对农户参与外出务工活动产生显著的正向影响作用。生态补偿从“补偿资金”角度对农户参与外出务工活动产生一定负向影响作用是因为补偿资金金额越高，农户会利用资金投资或创业等进行利润更大的生计策略，从而影响农户对外出务工活动的参与程度。

从生计资本方面来看，影响农户参与外出务工活动最显著的正向作用集中在人力资本中的劳动力水平、男性劳动力和健康水平因素，这些影响作用均通过统计学意义的显著性检验在1%的水平上显著；耕地面积、耕地质量等自然资本及畜牧数量因素对农户参与外出活动具明显的负面影响作用，这些影响作用也通过统计学意义的显著性检验在1%的水平上显著。这是因为耕地数量及质量降低能促使劳动力从传统的农业种植活动中解放，选择以外出务工等其他生计策略作为主要收入来源，从而对农户参与务工活动产生一定促进作用。另外，畜牧数量越多会占用劳动力进行畜牧养殖，从事务工的劳动力会减少，对农户参与外出务工活动产生一定阻碍作用。

（四）对非农自营活动参与的影响

生态补偿对农户“是否参与非农自营”活动（Y_4）影响从“是否参与”角度看正向影响作用较低，通过统计学意义的显著性检验只在10%的统计水平上显著，值为1.294，说明生态补偿参与因素对农户参与非农自营活动的正向影响不够显著。从“补偿资金”角度来看却有明显的正向影响作用，通过检验在1%的统计水平上显著，值为1.315，说明生态补偿资金对农户参与非农自营活动的正向影响较显著，即生态补偿资金金额越高，农户对非农自营活动的选择性越高。这是因为非农自营活动通常需要一定的投资，对资金要求较高。虽然接受生态补偿，如果资金不够会限制农户对非农自营活动的选择，大部分农户初期还是会以扩大原有生产规模或外出务工为主要生计策略，如定边县和横山区整体生态补偿标准普遍较低，定边县大部分农户参与生态补偿后利用补偿资金在原有基础上承包土地、扩大农业生产规模；横山区大部分农户则以外出务工为主要收入来源，所以生态补偿参与因素对农户参与非农自营活动的影响作用较低。生态补偿资金金额越高，农户有足够的资本进行投资、经营店面或创业等从事非农自营活动，如神木市、府谷县整体补偿标准较高，农户转移性收入多，利用补偿资金进行投资、经营商店、饭店、修理铺或从事个体运输等非农自营活动的参与度与其他县区市相比普遍较高，所以生态补偿资金对农户参与非农自营活动有明显的促进作用。

从生计资本方面来看，影响农户参与非农自营活动最显著的正向作用集中在金融资本因素，自然资本及物质资本中的畜牧数量因素对农户参与非农自营活动具有明显的负面影响作用，这些影响作用均通过统计学意义的显著性检验，在1%的统计水平上显著。此外，人力资本中的受教育水平因素及社会资本中的交通通达程度对农户参与非农自营活动也有较大的正向影响作用，通过统计学意义的显著性检验，在5%的统计水平上显著。

四、生态补偿对农户生计活动收入的影响

生态补偿对农户生计活动收入影响见表7-7。

表 7-7　生态补偿对农户生计活动收入影响回归结果表

因变量 自变量		Y_5		Y_6		Y_7		Y_8	
		模型一	模型二	模型一	模型二	模型一	模型二	模型一	模型二
P	P_1	-0.063***	—	-0.005	—	0.005***	—	0.112***	—
	P_2	—	-0.067***	—	0.047**	—	-0.094***	—	0.181***
自然资本	X_1	0.027***	0.015***	-0.037	-0.048	-0.122*	-0.146*	-0.077**	-0.032**
	X_2	-0.036	-0.042	0.207***	0.198***	-0.025	-0.019	-.060	-.088
	X_3	0.822***	0.83***	0.033***	0.032***	0.008*	0.032*	0.001	0.007
物质资本	X_4	-0.103***	-0.089***	0.749***	0.749***	-0.183***	-0.199***	-.040***	-.040***
	X_5	0.008	0.01	-0.016	-0.001	-0.073*	-0.051	0.044**	0.056**
	X_6	-0.004	-0.03	0.063*	0.076*	0.086	0.093	0.032*	0.080*
金融资本	X_7	-0.014	-0.01	0.003	0.019	0.024	0.035*	0.040***	0.041***
	X_8	0.096*	0.056*	0.028	0.019	-0.017	-0.004	0.081***	0.141***
	X_9	-0.07***	-0.051***	0.066**	0.058**	-0.008	0	0.013***	0.062***
人力资本	X_{10}	-0.053**	-0.015**	0.033	0.033	0.082***	0.08***	0.067**	0.043**
	X_{11}	0.202***	0.148***	-0.128*	-0.118*	0.283***	0.289***	0.070**	0.145**
	X_{12}	-0.101**	-0.092**	0.153*	0.144*	0.045***	0.077***	0.057**	0.092**
	X_{13}	0.022***	0.041***	0.042**	0.042**	0.041***	0.033***	0.041**	0.053**
社会资本	X_{14}	0.022	0.051	0.055*	0.06*	-0.0658*	-0.073	-.076	-.063
	X_{15}	-0.03*	-0.057*	0.033***	0.045***	0.004	-0.032	0.043***	0.063***
	X_{16}	0.018	-0.021	0.018	0.031	-0.231*	-0.255*	0.204*	0.320*
	X_{17}	0.048	0.057	-0.062**	-0.065**	0.312*	0.301*	0.010	0.053
模型拟合	R^2修正值	0.744	0.760	0.793	0.795	0.744	0.752	0.637	0.649

注：***、** 和 * 分别表示在 1%、5%和 10%的统计水平上显著。

（一）对农林业种植收入水平的影响

从"是否参与"和"补偿资金"角度来看，生态补偿对农户"农业收入水平"（Y_5）都有负向影响作用，且该影响均通过了统计学意义的显著性检验在1%的统计水平上显著，值分别为-0.063、-0.067，说明越多农户参与生态补偿,农林业种植收入水平及对农户家庭总收入的贡献率会降低。这是因为生态补偿对大部分农户参与农林业种植活动产生影响,农户参与生态补偿程度越高、补偿资金标准越高生产方式转变越大,伴随着移民搬迁等补偿政策实施或补偿金额增加,农户会被动或主动放弃原有的农林业种植活动,选择其他生计策略,如神木市、府谷县、横山区、靖边县等县区市各样本乡镇实施生态补偿措施后,部分农户主动或被动移民搬迁,劳动力发生转移放弃原有耕地等农业生产资料转为通过参与其他非农活动获得收入;其他农户利用高额补偿资金投资进行个体自营,以此为主要生计策略,农户生计活动多样化,整体收入水平进一步提高。另外,参与的农林业种植面积整体较小,主要用来自给自足,通过种植活动获得的收入较低,对农户家庭总收入的贡献率也较低。

从生计资本方面来看,影响农户农林业种植收入水平最显著的正向作用集中在耕地面积、耕地质量、劳动力水平和劳动力健康状况因素,这些影响作用均通过统计学意义的显著性检验在1%的统计水平上显著。畜牧数量和信贷机会因素对农户种植业收入水平则产生明显的负向影响作用,也通过统计学检验在1%的统计水平上显著。此外,男性劳动力和劳动力文化水平也会产生一定的负向影响作用,在5%的统计水平上显著。这是因为自然资本特别是耕地质量高低直接影响种植业产值进而影响种植业收入水平;整体劳动力水平和健康状况会影响农林业种植活动的参与能力和种植规模大小;畜牧数量虽然会促使种植面积增加,但是大部分以种植牧草等饲料作物为主,在一定程度上会对农林业种植收入产生负向影响作用。

(二)对畜牧养殖收入的影响

生态补偿对农户“畜牧养殖收入水平”(Y_6)影响从“是否参与”角度看有一定负向影响作用,但是影响并不显著,无法通过统计学意义的显著性检验;从“补偿资金”角度看却有较明显的正向影响作用,且该影响通过了统计学意义的显著性检验在5%的统计水平上显著,值为0.047,说明农户对生态补偿措施无法对农户参与畜牧养殖活动造成显著影响,但是补偿资金会在一定程度上促进农户畜牧养殖收入水平。这是因为生态补偿实施虽然没有显著提高农户对畜牧养殖活动的选择性,但是对于有条件并继续参与畜牧养殖活动的农户来说生态补偿资金能够使他们加大投资力度，扩大养殖规模，对提高畜牧养殖收入有着显著的促进作用。例如榆阳区大部分样本农户利用自身资源环境、区位条件进行畜牧养殖活动；生态补偿实施后，大多数利用补偿资金扩大原有的养殖规模或引进先进技术，提高养殖效率，畜牧养殖利润增加，对家庭总收入的贡献率进一步提高，普遍成为家庭主要收入来源。

从生计资本方面来看，影响畜牧养殖收入最显著正向作用集中在草地面积、耕地质量、畜牧数量和交通通达程度因素，这些影响作用均通过统计学意义的显著性检验在1%的统计水平上显著；金融资本中的借贷机会和人力资本中的劳动力健康状况因素对畜牧养殖收入也会产生一定正向影响作用，在5%的统计水平上显著；此外，家庭领导潜力因素对畜牧养殖收入会产生一定负向影响作用，在5%的统计水平上显著。因为耕地、草地等自然资本能够为畜牧养殖提供必需的生产资料，便利的交通能够提高信息等公共资源可得性，有利于农户得到更多的供求信息和更好的技术指导，从而提高畜牧养殖效率和收入水平。另外，家庭领导潜力越高，说明越多家庭成员从事政府工作并以此为主要生计策略，从事畜牧养殖的劳动力数量及对家庭总收入贡献率都较低。

（三）对外出务工收入的影响

生态补偿对农户“外出务工收入水平”（Y_7）影响从“是否参与”角度看有明显正向影响作用，该影响通过了统计学意义的显著性检验在1%的统计水平上显著，值为0.005；从“补偿资金”角度来看却有明显的负向影响作用，也通过统计学意义的显著性检验在1%的统计水平上显著，值为-0.094；说明生态补偿参与因素对农户外出务工收入的正向影响显著，生态补偿参与度越高外出务工收入及对家庭总收入贡献率就越高；生态补偿资金对农户外出务工收入负向影响作用也存在一定显著性，即生态补偿资金越多、金额越大，外出务工整体收入水平及对家庭总收入贡献率越低。因为生态补偿实施虽然无法直接提高外出务工收入水平，但是对于没有足够条件进行非农自营却又主动或被动地改变传统农业生产的农户来说，对外出务工收入更加倚重。如府谷县新民村部分农户和靖边县、横山区等部分农户，在没有足够条件参与获利更大的生计策略情况下，通常会通过增加外出务工人数、转向更有利于实现优化配置的劳动力市场等家庭内部劳动力的优化配置来实现从传统生产方式向外出务工转变，从而增加外出务工的整体收入水平及对家庭总收入的贡献率。生态补偿资金越高，大部分农户会利用补偿资金进行投资从事更加多样化的生计策略；部分农户甚至直接依靠高额补偿资金生活，转移性收入成为家庭主要收入来源，外出务工活动参与度较低，整体务工收入水平及对家庭总收入贡献率均比较低，所以生态补偿资金对农户务工收入水平具有明显的负向影响作用。

从生计资本方面来看，影响农户外出务工收入最显著的正向作用集中在各项人力资本因素，均通过统计学意义的显著性检验在1%的统计水平上显著。物质资本中的畜牧数量因素则对农户务工收入水平产生明显的负向影响作用，也在1%的统计水平上显著。这是因为家庭劳动力数量及质量特别是男性劳动力水平不仅是从事外出务工活动的人力基础，更是家庭内部劳动力优化配置的基本保障，促进农户对外出务工活动的参与程度及整体务工收入水平。

（四）对非农自营收入的影响

生态补偿对农户“非农自营收入水平”（Y_8）影响无论从“是否参与”角度还是从“补偿资金”角度来看都有明显的正向影响作用，且影响作用均通过统计学意义的显著性检验在1%的统计水平上显著，值分别为0.112、0.181，说明农户参与生态补偿程度及所接受的生态补偿资金金额对其非农自营活动收入都有显著的正向影响作用。这是因为虽然生态补偿从“是否参与”来看对农户选择、参与分子与活动的概率及程度没有显著的正向影响作用，但是对于有条件进行非农自营活动的农户来说，生态补偿中移民搬迁、技能培训等各项补偿方式能够为其提供优越的地理位置、便利的交通、完善的设施设备等条件，有利于降低成本、提高自主经营效率及利润。从“补偿资金”来看，非农自营活动与其他活动相比是一种需要大量资金投入的特殊生计活动，生态补偿资金金额高低会在某种程度上直接影响农户对非农自营活动的参与程度，部分农户在接受高额补偿资金后会对家庭劳动力进行再次优化配置，以现有条件为依托利用高额资金投资，由稳定性较差或收入较低的打零工、农林业种植转变为从事利润更高的非农业自营活动，如神木市、府谷县部分农户利用高额补偿资金结合当地有利条件修建房屋进行房屋出租、养车进行个体运输、经营店面等，非农自营活动成为主要收入来源，大幅度提高了农户收入水平与生活质量，对家庭总收入的贡献率较高。

从生计资本方面来看，影响农户非农自营收入最显著的正向作用集中在人均收入、能否筹到钱、信贷机会和交通通达程度等因素，这些影响作用均通过统计学意义的显著性检验在1%的统计水平上显著；劳动力水平、文化程度、健康状况等人力因素对非农自营收入正向影响作用也较明显，通过统计学意义的显著性检验在5%的水平上显著，自然资本因素影响作用则较小。

生态补偿实施后农户整体生计资本显著提高。生态补偿实施前后农户各金融资本和自然资本的变化幅度相比较大，农户自然资本值降低，金融资本、人力资本、社会资本和物质资本值均有所增加。这主要是因为研究区生态补偿方式以资金补偿和移民搬迁相结合为主，农户参与生态补偿后自然资本拥有量减少，金融、物质、人力和社会资本明显提高。

从生计活动参与情况来看，油气资源开发区农林业种植活动所占比重高达71%，明显高于煤炭资源开发区（34%）；而在非农自营、畜牧养殖和外出务工活动方面，煤炭资源开发区所占比重均明显高于油气资源开发区。从生计活动收入水平来看，煤炭资源开发区的外出务工收入、非农自营收入和转移性收入水平均高于油气资源开发区。生态补偿对农林业种植活动参与程度及其收入水平均有明显的负向影响作用，对非农自营活动参与及收入水平均有明显的正向影响作用。生态补偿参与因素对外出务工活动参与及收入水平均有显著的正向影响作用；补偿金额对务工活动参与及收入水平均有明显的负向影响作用。

第八章　农户对生态补偿感知、响应及政策建议

生态补偿主要通过不同补偿方式对农户可持续生计产生影响，在此基础上进一步影响农户对生态补偿满意度、感知及响应。目前实施的生态补偿方式以资金补偿、政策补偿、技术补偿和物质补偿四种为主（苏芳等，2013），通过增加生产要素、提高生产水平与资源利用效率增加农户生产生活所需要的资产，在一定程度上对农户生计有着重要影响作用（尚海洋等，2012）。本章在评价不同生态补偿方式对农户生计影响的基础上深入研究探讨农户对生态补偿的感知及响应，并根据生态补偿过程中存在的问题提出针对性建议，期望能够为生态补偿相关政策制定、补偿措施的推行提供一定理论依据。

第一节　生态补偿方式对农户生计影响评价

目前主要实施的四种生态补偿方式中，资金补偿是指直接运用现金进行补偿，是最迫切、最方便也是最常见的生态补偿方式；政策补偿是指补偿者通过制定实施一些能源项目、产业政策等进行补偿；技术补偿是指补偿者开展一些相应的无偿技术培训与技术咨询指导，通过提高受偿农户的技术含量和组织管理水平来提高受补偿者的整体生产能力和生产水平；物质补偿是指补偿者通过运用生产资料进行补偿来解决受偿农户所需的生产、生活要素，进一步增强受偿者生产能力、提高经济水平、改善其生活质量（苏芳等，2013；尚海洋等，2012）。

一、多元回归模型建立

多元回归分析是以统计资料数据为基础研究某个因变量与多个自变量之间的关系并建立预测公式的一种常规数学统计方法,这种方法模型主要用于研究分析自变量与因变量之间相关关系并揭示自变量对因变量的影响。建模步骤如下。

(一)变量选取

为了进一步确定生态补偿方式与农户生计资本之间的关系,本书将研究区农户对生态补偿方式的选择作为自变量,将生计资本及其五种构成资本作为因变量,构建多元线性回归模型,以此客观定量分析能源开发生态补偿方式对农户生计资本的影响作用(见表8-1)。

表8-1 变量组及描述

变量组 \ 描述		指标体系构成	赋值
自变量 X	资金补偿 X_1	生态补偿金、子女教育补贴养老补贴、移民搬迁补贴等	根据农户选择重要性排序赋值,从首选到最后选择依次赋值为7、5、3、1
	物质补偿 X_2	农业生产用具、化肥种子、煤炭、日用品等	
	政策补偿 X_3	农村新能源项目建设政策、移民搬迁、煤炭资源整合项目政策等	
	技术补偿 X_4	劳动力输出、种植养殖培训、技能培训等	
因变量 Y	生计资本 Y	自然资本 Y_1、人力资本 Y_2、物质资本 Y_3、金融资本 Y_4、社会资本 Y_5	实际测算的各项生计资本值

(二)多元线性回归模型建立

根据变量,建立以下模型:

$$Y = \beta_0 + \beta_1 X_1 + \beta_2 X_2 + \cdots + \beta_k X_k + \mu \tag{8-1}$$

式(8-1)中,β_0代表常数项,β_1—β_k 代表回归系数,μ 是随机变量。对于多元线性回归系数的估计值$\beta_1, \beta_2, \cdots, \beta_m$,可以根据一元线性回归的原理进行确定,然后运用最小二乘法估算$\beta_1, \beta_2, \cdots, \beta_m$。

（三）多元线性回归模型检验

R 检验。R 在此为复相关系数，主要用来表明自变量组 X_i 与因变量组 Y 的相关程度，计算公式如下：

$$R = \sqrt{1 - \frac{\sum_{i=1}^{n} (Y_i - \hat{Y_i})^2}{\sum_{i=1}^{n} (Y_i - \overline{Y_i})^2}} \tag{8-2}$$

计算结果 R 值越接近 1，说明相关程度越大。

式（8-2）中，Y_i 代表各种生计资本；$\hat{Y_i}$ 表示 Y_i 对 $X_1, X_2, \cdots, X_k$的回归拟合值；$\overline{Y_i}$ 表示生计资本 Y_i 的均值。

F 检验。F 用于检验回归系数是否有意义，构造公式为：

$$F = \frac{n - m - 1}{m} \cdot \frac{R^2}{1 - R^2} \tag{8-3}$$

若 F 遵从第一自由度为 m，第二自由度为 $n - m - 1$ 的分布，显著水平为 α，查 F 分布表为 $F_\alpha(m, n - m - 1)$，如果 $F_\alpha(m, n - m - 1) < F$，表明这组回归系数是有意义的，所构建的回归模型成立；否则说明这组回归系数没有意义，构建的回归模型就不能成立。

T 检验。T 是一种用来检测回归系数是否有统计学意义的检验方法，构造公式为：

$$T = \frac{\hat{\beta_k}}{s(\hat{\beta_k})} \tag{8-4}$$

式（8-4）中，$\hat{\beta_k}$ 是 β_k 的最小二乘估计值；$s(\hat{\beta_k})$ 是矩阵 $\hat{\sigma}^2 (X^T X)^{-1}$ 主对角线上第 k 个元素的平方根；$\hat{\sigma}^2$ 是随机误差的方差 u 的无偏估计。T 服从自由度为 $n-m-1$ 的 t 分布。

给定显著水平 α，可得临界值 $t_{\frac{\alpha}{2}}(n - m - 1)$。由样本求出统计量 T 的数值，若

$$|T| > t_{\frac{\alpha}{2}}(n - m - 1) \tag{8-5}$$

则说明自变量组 X_i 对因变量组 Y 具有显著影响;否则,认为没有影响,相对应的没有影响的因素应该去掉。本书在实际调查的基础上按照多元线性回归模型对统计数据进行处理。

二、二项 Logistic 回归模型

农户生计策略是一个多元变量,本书通过运用二项 Logistic 回归模型来研究分析生态补偿方式对农户生计策略的影响。按照研究需要和计算方式简化并结合榆林市实际情况,在设计模型时将农户生计策略总体归纳为 0—1 型因变量,即以农业为主和非农业为主两大类。当变量等于 0 时代表以农业为主的生计策略,当变量为 1 时代表以非农业为主的生计策略(苏芳等,2013)。具体模型如下:

$$\text{logit}P = b_0 + \sum_{i=1}^{n} b_i x_i \tag{8-6}$$

式(8-6)中,P 代表被解释变量,指以农业为主的生计策略的概率;x_i 代表各项解释变量;b_0 为回归常数;b_i($i=1,2,\cdots,n$)表示为回归系数。

将发生比 *odd* 定义为 $P/(1-P)$,用来对各项自变量的 Logistic 回归系数进行解释,即当其他解释变量不改变时,解释变量 X_i 每增减一个单位,将影响 $\text{log}it(P)$ 增减或减少 b_i 各单位,具体公式为:

$$odd = \exp\left(b_0 + \sum_{i=1}^{n} b_i x_i\right) \tag{8-7}$$

三、补偿方式对农户生计资本的影响分析

从分析结果来看,资金补偿、物质补偿、政策补偿三种生态补偿方式对研究区农户整体生计资本的影响系统均为正,三种生态补偿方式的影响作用都在 5%(6%)的置信区间上显著,说明农户选择这三种生态补偿方式有利于提高其整体生计水平(见表 8-2)。其中,资金补偿在这四种生态补偿方式中对农户生计资本的正向拉动作用最大,对应值达 0.428;其次是物质补偿方式,对应值为 0.327;政策补偿拉动作用相比较小,值为 0.116;技术补偿方式对农户生计资本正向拉动作用显著性最低,值为 0.088。因为资金补偿和物质补

偿方式最为直接方便，短时间内可以显著提高农户整体生计水平；技术补偿是一种具有时效性的补偿方式，要想达到预期效果必须需要一定的时间期限，对农户生计资本的拉动作用在短期内不够显著，但是能在长期范围内发挥其效果，显著提高农户生计资本。

表 8-2　生态补偿方式对生计资本影响作用评估

生计资本＼生态补偿方式	资金补偿	政策补偿	物质补偿	技术补偿
自然资本	0. 119	0. 046	0. 089	-0. 012
	(3. 506,0. 001)	(-2. 439,0. 015)	(4. 330,0)	(-0. 630,0. 529)
物质资本	0. 117	0. 095	0. 107	0. 002
	(2. 412,0. 015)	(3. 137,0. 002)	(3. 676,0)	(0. 116,0. 908)
金融资本	0. 347	-0. 036	0. 081	0. 044
	(4. 869,0)	(-1. 78,0. 076)	(2. 651,0. 008)	(1. 610,0. 108)
人力资本	0. 154	0. 058	0. 035	-0. 024
	(4. 901,0)	(3. 731,0)	(1. 829,0. 068)	(-0. 914,0. 361)
社会资本	0. 098	0. 070	0. 084	-0. 009
	(3. 755,0)	(-2. 419,0. 016)	(5. 373,0)	(-0. 661,0. 509)
生计资本	0. 428	0. 116	0. 327	0. 088
	(3. 896,0. 02)	(1. 758,0. 06)	(4. 949,0. 03)	(-1. 468,0. 143)

从生态补偿方式对生计资本内部构成的影响来看，资金补偿方式对各项生计资本组分的拉动作用都是正向的。其中对金融资本的正向拉动作用最大，对应值为 0. 347；其次是人力资本，值为 0. 154；对自然资本和物质资本正向拉动作用与金融资本、人力资本相比较均较低，值分别为 0. 119、0. 117；对社会资本的正向拉动作用最小，值为 0. 098。因为资金是最为直接的现金补偿方式，能够增加农户收入，增加借贷机会；如神木市实施生态补偿后，农户因高额的现金补偿大幅度提高家庭收入，并且凭借补偿资金进行借贷投资活动，

很大程度上提高了金融资本。随着农户资金收入增加,对子女的教育投资也会增加;麻黄梁、店塔等地区农户利用补偿资金有能力供孩子去市区或外地上学,综合利用资金补偿中的子女教育补贴为孩子提供良好的受教育环境,在很大程度上提高了农户受教育水平,从而有利于提高人力资本。另外,对以农业为主的农户来说,资金补偿也会提高其自然资本,如定边县、榆阳区大部分农户,利用资源开发补偿资金大面积承包土地、购买牲畜、购买先进生产设备、扩大生产规模、改善生产结构,不仅提高农户自然资本水平,也进一步增加了物质资本。

政策补偿方式对物质资本的正向拉动作用最大,值为 0. 095;其次是对社会资本的影响,值为 0. 070;对人力资本和自然资本正向拉动作用相对较低,值分别为 0. 058、0. 046;政策补偿方式对金融资本有一定的负向拉动作用,值为-0. 036。这是因为榆林市能源开发区实施的政策补偿以移民搬迁、房屋改造等为主,如府谷县新民村等,将农户从原来环境相对脆弱地区移民搬迁到适宜生存居住之地,并进行统一规划安置形成移民新村,住房结构改善,太阳能热水器、洗衣机等耐用消费品较普及,物质资本水平大幅度提高;生活质量、医疗水平的提升使得农户健康状况得以改善,便利的交通为农户交流、求学提供便利条件,有利于进一步提高农户社会资本和人力资本水平。另外,研究区实施的煤炭资源整合项目、农村新能源项目建设等政策支持需要农户通过短期投资来获得后期收益,某些情况下显现效应需要的时间可能比较长,所以短期内对农户金融资本可能有一定的负向作用。

技术补偿方式对金融资本和物质资本具有一定正向拉动作用,对应值分别为 0. 044、0. 002。技术补偿方式对人力资本负向作用最为显著,对应值为-0. 024;其次是自然资本,对应值为-0. 012;对社会资本负向拉动作用较小,值为-0. 009。因为通过实施技能补偿可以有效提高农户技能水平,拥有一技之长的农户会转变生产方式,由原来收益较小的种植业转变为外出务工或开修理部、开车等从事收益较高的职业,在提高收入水平、改善生活质量、增加金融资本和物质资本的同时对自然资本产生负向作用;另外,随着农户技能水平提高,家庭成员外出务工,造成劳动力及生产设备在行业间及区域间流动,改变原有的人际关系网络,因此对人力资本和社会资本均产生一定的负向影响作用。

物质补偿方式对农户物质资本和自然资本的正向拉动作用最大,值分别为 0.107、0.089;其次是社会资本和金融资本,对应值分别为 0.084、0.081;对人力资本的拉动作用相比较小,值为 0.035。因为实施的物质补偿一般通过农作物种子、土地、生产设备工具、幼崽、煤炭、生活用品等实现,时效性较短,短期内可以直接增加固定资产、提高生产水平,促进农户社会合作关系,从而提高研究区农户各项生计资本水平。

四、补偿方式对农户生计策略的影响分析

根据榆林市农户生计活动与收入来源,将研究区农户生计策略大体上分为两大类:以农业为主和以非农业为主。其中生计策略以农业为主的农户收入来源主要包括农林业种植和畜牧养殖等传统农业生产,且该部分收入来源对家庭总收入的贡献率较高;生计策略以非农业为主的农户则通过家庭副业、非农自营、外出务工等为非农业活动获得收入。

补偿方式对农户生计策略的影响分析结果如表 8-3 所示。

表 8-3 补偿方式选择对农户生计策略的影响

补偿方式 \ 方案	方案一	方案二
常数项	-2.856	-3.426
	(6.351,0.012)	(3.76,0.010)
资金补偿	0.284	0.33
	(4.245,0.009)	(3.513,,0.001)
政策补偿	0.227	0.272
	(0.871,0.049)	(0.651,0.016)
物质补偿	-0.085	0.039
	(0.628,0.428)	(0.016,0.053)

续表

补偿方式＼方案	方案一	方案二
技术补偿	0.246	0.295
	(0.732,0.048)	(0.682,0.008)
交叉项	—	-0.005
	—	(0.181,0.053)
2倍对数似然值	328.357	328.177

可以看出，方案一没有考虑四种生态补偿方式之间可能存在的相互交叉影响作用，在这种情况下资金补偿、技术补偿、政策补偿对农户生计策略影响作用比较明显。其中资金补偿方式对以非农业为主的生计策略正向影响作用最明显，在1%的水平上显著，且影响系数最高为0.284；其次是技术补偿，影响系数为0.246，政策补偿方式正向影响系数较小，为0.227；技术补偿和政策补偿对农户生计策略正向影响作用均在5%水平上显著。另外，物质补偿方式对非农业生计策略存在一定负向影响作用，且影响显著性较低。这是因为资金补偿方式是最为直接、方便的补偿方式，高额的补偿资金在一定程度上是研究区农户进行投资、经营商店、饭店、购车搞个体运输等从事非农自营的资本；资金补偿实施及补偿标准提高能够促进农户对非农业生计活动的参与，加大对非农经营的投资力度，从而提高农户非农业生计活动收入水平及对家庭总收入的贡献率。技术和政策补偿方式虽有一定时间限制，对农户生计水平的提高需要一个长期显现的过程，但是研究区实施的移民搬迁政策、煤炭资源整合项目、新能源建设项目等能为农户参与非农活动提供一定契机和支持，技术培训能提高农户整体素质和技能水平，有利于增强农户外出务工工作稳定性和提高务工收入水平，是潜在的拉动作用。所以，以非农业为主要生计策略的农户更偏向于首先是资金补偿方式，其次是技术补偿和政策补偿，将物质补偿作为最后选择和补偿方式。

需要注意的是，生态补偿实施过程中资金补偿、技术补偿、政策补偿、物质补偿这四种生态补偿方式并不是完全相互独立存在，通常会出现资金补偿和物质补偿方式组合、政策支持与资金补偿组合等多种补偿方式相互组合的情况。另外，受区域特征及农户生计特征等各方面因素影响，研究区农户会对实施的生态补偿方式进行相互“捆绑”选择，例如进行家庭非农自营活动的农户更倾向于选择资金与政策补偿，外出务工的农户在获得资金支持的基础上还希望能够利用技术培训提高自身技能素质，以从事传统农业为主的农户则建议在实施生态补偿时能够将资金补偿与物质补偿方式相结合。基于此，本书在方案二中进一步分析探讨了在这些相互组合情况下生态补偿方式对农户生计策略的影响。文章中将资金补偿、技术补偿、政策补偿、物质补偿这四种生态补偿方式之间的交互作用作为协调变量引入回归模型中，不仅能够对后期分析进行必要简化，更有利于深入揭示生态补偿对生计策略的影响。从分析结果的方案二可以看出，各种生态补偿方式对农户生计策略影响显著提高，其中资金补偿、技术补偿、政策补偿对农户生计策略影响系数分别为 0. 33、0. 295、0. 272，均在 1%水平上显著；物质补偿方式对农户生计策略影响系数为 0. 039，在 5%水平上显著。说明生态补偿方式的交互作用对农户生计策略正向影响作用比较显著，农户也更加容易接受相互组合的生态补偿方式。

第二节　农户对生态补偿的感知及响应分析

一、农户对生态补偿方式的选择

能源开发区生态补偿方式呈多样化，目前主要实施的有资金补偿、政策补偿、物质补偿和技术补偿四种方式。根据实际调查访谈结果显示，大部分农户想同时选择多种受偿方式并在不同能源开发区存在一定差异性。从表 8-4 中农户对实施的四种主要补偿方式的整体选择情况来看，有 172 户农户将资金补偿作为首选补偿方式，所占比重达 56. 95%；其次选择政策补偿方式，有 125 户，所占比重为 41. 39%；技术补偿通常为最后选择的补偿方式，有 152 户，所占比重为 50. 33%。这是因为资金补偿方式对农户来说最为方便直接，可以按照自己的需求灵活使用。政策补偿作为大部分农户的第二选择意愿主要体现在就业、社会保障、惠农政策等方面。在农户选择的技术补偿方面,职业技能和养殖技术比较受欢迎,优良林木、果蔬种植技术也占一定比例。

表 8-4 农户生态补偿方式选择

补偿次序	总体补偿方式选择所占比重/%				煤炭资源开发区补偿方式选择所占比重/%				油气资源开发区补偿方式选择所占比重/%			
	资金补偿	政策补偿	物质补偿	技术补偿	资金补偿	政策补偿	物质补偿	技术补偿	资金补偿	政策补偿	物质补偿	技术补偿
首选	56.95	19.87	8.61	14.57	51.98	20.79	9.41	17.82	68	6	18	8
其次	28.15	41.39	10.60	19.87	31.68	50.00	5.94	12.38	19	21	42	18
再次	7.95	31.79	45.03	15.23	11.39	23.27	25.74	39.60	8	15	31	46
最后	6.95	6.95	35.76	50.33	4.95	5.94	58.91	30.20	5	58	9	28

从不同能源开发区来看,煤炭资源开发区与油气资源开发区农户均将资金补偿作为首选补偿方式,存在的差异性较小,所占比重分别为 51.98%、68%;其中由于不同能源开发区农户生产结构不同,神木市、府谷县等煤炭开发区农户将补偿资金主要用于非农经营投资、民间借贷等;对于油气资源开发区农户来说,食物和生产资料的购买是补偿资金的主要用途;其次是子女教育、医疗和建房需要,购置衣物、高档消费物品也占一定的比例。

煤炭资源开发区农户一般情况下将政策补偿方式作为第二选择,所占比重为 50.00%;将物质补偿作为最后选择的补偿方式,所占比重为 58.91%。油气资源开发区农户则将物质补偿作为第二选择的补偿方式,所占比重为 42%;将政策补偿作为最后选择的补偿方式,所占比重为 58%。这是因为靖边县、定边县等油气资源开发区农户大部分以农业生产为主,这部分农户认为实物补偿特别是农业生产资料的提供能够有效缓解物价高、购买困难等问题,有利于他们更加方便地生产生活。煤炭资源开发区农户多以进工厂务工或经营店面、养车等从事非农自营为主要收入来源,大部分农户希望能实施煤炭资源整合项目或提供一些其他有利于投资的致富政策;另外,煤炭开发对农户生产生活影响比较严重，部分农户希望实施的生态补偿方式能以移民搬迁为主，改善生存环境、提高生活条件；所以煤炭资源开发区农户对政策补偿方式也有一定程度的依赖性。

二、农户对生态补偿的感知及响应分析

在生态补偿感知及响应方面，研究区农户普遍认为目前生态补偿存在的问题主要体现在政策落实不到位、补偿标准不健全、补偿金额低、政府监管不力四个方面，所占比重分别为41.91%、39.12%、32.44%、27.39%（见表8-5）。针对所存在的问题，近一半的农户希望企业能够落实生态补偿政策，41.15%的农户希望能够健全补偿标准，31.73%的农户认为生态补偿需要在一定程度上提高补偿金额。

煤炭资源开发区资源开发造成的土地塌陷、水污染、大气污染、房屋损坏等严重影响农户生计，所以生态补偿实施力度整体较大。煤炭资源开发区生态补偿标准以耕地占用补偿、土地塌陷补偿、移民搬迁补偿等为主，补偿方式以资金补偿为主，补偿资金按不同标准统一发放到村部，然后再根据农户家庭人口进行分配落实。农户接受的补偿金额相比较高，但是补偿费用受煤炭行业经济发展情况、家庭人口等因素影响，普遍存在落实不到位或资金分配不公平等现象。例如在刚开始实施的几年中，煤炭行业繁荣发展，企业能够按照生态补偿标准按时落实发放补偿资金、分红或进行移民搬迁并落实搬迁补偿；但是在后期煤炭市场逐渐萧条，煤炭价格持续下滑，中小型企业陷入亏损甚至停产关闭的境地，煤炭行业迅速衰退，部分企业受各种因素影响无法按标准落实各项生态补偿政策。所以在煤炭资源开发区，政策落实不到位是目前生态补偿最严重的问题，所占比重为52.71%；其次是补偿标准不健全，比重为30.39%；此外，有18.27%的农户认为当前生态补偿实施区域差异性较大，有失公平。在需要帮助方面，55.37%的农户认为部分企业因为自身原因私自终止发放生态补偿资金，但农户生计仍然受煤炭开发影响，所以企业应该继续按国家出台的相关生态补偿标准落实政策；27.82%的农户认为对于这一现象需要政府履行其应有的责任，加强监督监管职能。

此外,部分企业还应该健全及统一不同县区市补偿标准,从而促进区域公平协调发展。

油气资源开发区与煤炭资源开发区相比较生态补偿实施力度普遍较小,补偿标准只有占地补偿,补偿方式单一,补偿金额普遍较低,按占地面积一次性给被占地家庭发放一定补偿资金。这种补偿方式使得享受到生态补偿的农户较少,但是油气资源开发造成的大气污染、水污染等也给当地未受到生态补偿的农户生计造成了严重影响。所以补偿标准不健全和补偿金额低是油气资源开发区目前生态补偿面临的最主要的问题,所占比重分别为 47. 84%、39. 69%,其次是政策落实不到位和政府监管不力,所占比重分别为 31. 11%、26. 14%。针对这些问题,46. 27%的农户认为应该健全补偿标准,除了现有的占地补偿外,对于大气污染、水污染等造成的影响也应该实施相应补偿;41. 31%的农户表示现在实施的补偿是按照占地面积给予一次性补偿且补偿金额普遍过低,不利于农户生计可持续发展,应该按照不同类型耕地制定长期补偿标准,提高补偿金额。此外,还应该实施多样化补偿方式、落实补偿政策、加强政府监督监管能力。

表 8-5 不同能源开发区农户对生态补偿的感知及响应 (单位:%)

补偿类型区	存在的问题	需要的帮助
总体	政策落实不到位/41. 91,补偿标准不健全/39. 12,补偿金额低/32. 44,政府监管不力/27. 39	落实政策/44. 86,健全补偿标准/41. 15,提高补偿金额/31. 73,加强监管/28. 85
煤炭资源开发区	政策落实不到位/52. 71,补偿标准不健全/30. 39,政府监管不力/28. 63,区域差异大/18. 27	落实政策/55. 37,健全补偿标准/38. 05,补偿资金统一/30. 11,加强监管/27. 82
油气资源开发区	补偿标准不健全/47. 84,补偿金额低/39. 69,政策落实不到位/31. 11,政府监管不力/26. 14	健全补偿标准/46. 27,提高补偿金额/41. 31,落实补偿政策/34. 34,加强监管/29. 87

注:补偿金额低/41. 91,表示 41. 91%的农户选择补偿金额低,即表中数字代表农户比例。农户可进行多项选择,故各项之和大于 100。

第三节　政策建议

一、完善能源开发生态补偿的法制建设

目前,研究区针对资源开发造成的环境问题实施生态补偿并制定了相应的法律法规,但是没有形成完整的体系,在实践过程中缺乏可操作性。榆林市相关法律针对能源开发造成的占用土地、土地塌陷、房屋受损搬迁、环境污染等均制定了不同补偿标准,但是在实施过程中企业拥有绝对解释权,大部分企业将占地补偿作为唯一的生态补偿标准,且由于政策落实、企业规模及效益、政府监督力度等因素造成不同区域农户享受的补偿金额差异过大,严重影响社会公平性及生态补偿项目实施效益。所以,需要进一步健全完善能源开发生态补偿法制建设,对生态补偿实施的主体、客体、补偿范围、补偿方式、补偿标准及金额进行明确规定并具体到实际落实层面,真正确保生态补偿机制能够有法可依、有据可查。其中补偿标准及额度是生态补偿实施过程中的关键,也是目前较难执行落实的一步,应先全面估算自然资源的价值、开发活动的效益以及生态环境破坏损失情况,制定明确而合理的补偿标准和补偿额度,为征收生态补偿费用提供可靠的依据;在主客体确定方面尤其要发挥政府主导作用,严格明确规定中央、地方政府、能源开发商、资源加工或输出企业等支付主体在能源开发过程中造成生态环境问题所应该承担的义务及责任;在生态补偿范围、方式选择方面,榆林市应该结合当地实际情况,制定合理可行的方案并纳入法规中。此外,在健全法律法规的同时必须加强执法力度,对于违规行为要进行必要的行政干预和强制措施,为合理利用能源资源和保护生态环境提供可靠法律和制度保障。

二、按区域、分类型、多途径实现生态补偿方式

生态补偿方式是生态补偿机制中体现补偿责任主体与被补偿主体相互之间的责任义务关系的中心环节,目前生态补偿方式主要有资金补偿、政策补

偿、技术补偿、物质补偿四种,其中资金补偿和物质补偿是最为直接便捷的补偿方式,但是需要政府大量的投入,属于输血式补偿方式;政策和技术补偿方式则是通过建立长期的保障机制,由内到外地促进农户参与耕地生态保护,属于造血式补偿方式。生态补偿机制运行初期需要政府大量投资、支持,但是到了后期成熟阶段应该促进能源开发生态系统与市场经济良性循环。根据入户调查访谈结果,目前研究区生态补偿方式主要以资金补偿和物质补偿为主,相关技术培训和政策支持力度较小,参与度较低。补偿资金多来自土地被占用收益,波动性较大,且后期受各种因素影响补偿资金逐渐缩减甚至停止补偿,补偿稳定性较差,严重影响项目可持续发展。应该根据榆林市实际情况,结合不同区域能源开发类型、生态环境影响程度、生态补偿实施时间、产业结构、农户生计特征等因素,因地制宜、因情施策选择落实合适的生态补偿方式。例如在生态补偿实施前期应以输血式补偿方式为主,造血式补偿方式为辅;后期平稳阶段则可采取以造血式为主,输血式为辅的补偿方式。

三、加强对能源开发区生态补偿监督力度

榆林市已经制定出台了关于生态补偿实施的通知文件,规定了相应的补偿方式、补偿标准及额度。但是由于缺乏有力的监督管理机制,在实践过程中出现补偿标准不统一、补偿落实不到位等现象,造成补偿者和受益者相互脱节、社会矛盾日益突出,使得生态补偿机制不能在强有力的管理机制中运行。应该严格实行生态补偿监督管理约束机制,设立专门的监督委员会对能源开发生态补偿进行监督,成员除政府代表和相关部门外还要有村民代表,具体对补偿金运作、补偿标准及额度、发放程序及落实情况等方面进行监督,对不按照相关规定履行生态补偿责任的企业、单位或个人责令其进行恢复或改正并追究相应的违约责任。

四、提高农户可持续生计水平

根据入户调查访谈结果发现榆林市不同能源开发区、不同县区市农户各项生计资本条件、生计资本水平均存在明显差异,在今后的发展设计中,应该

结合研究区产业结构、发展现状、农户生计特征，有针对性地制定落实生态补偿措施，提高当地农户生计资本，从而进一步提高生计能力及生计水平。对于定边县、靖边县等以传统农业为主且能源开发影响较小的区域应针对自然资本、人力资本和社会资本进行优先补偿，针对农户需求提供农业种植资料、开展种植实用技能培训、培育种植特色农作物，在降低农业生产成本、提升农业种植质量、提高农户收入水平及整体生计资本的同时有效缓解自然资本降低产生的农户生计；对神木市、府谷县等煤炭资源开发区根据资源开发影响程度进行有针对性的补偿，对于煤炭开发影响严重地区将生态补偿与生态移民相结合，将生存环境受到严重破坏的农户移民搬迁到其他生存环境相对较好的地区。在操作中，可以考虑将扶贫项目、生态移民项目和国家相关补贴资金甚至城乡统筹项目进行融合，坚持农民自愿参与的情形下，有条件地、逐步地将这些农户转移至山下，或者转移到附近乡镇、县城等地安居，在此基础上重视其金融资本、物质资本、人力资本发展，对农户进行车辆驾驶、店面经营管理、焊工、木工、瓦工等专业技能培训，提高专业素质，降低经营成本、增加经营利润，有利于增强务工稳定性和提高收入水平；对于榆阳区以养殖为主的农户应重点扶持金融资本、社会资本和物质资本，通过养殖技术培训、畜产品加工技术培训等发展现代畜牧业提高农户的物质资本，通过加大向农户发放信贷力度促进养殖规模扩大，提高养殖利润、增加金融资本，有利于提高农户生计水平。

五、优化农户生计策略

首先是发展不同区域、不同类型农户已有的生计活动。以非农活动为主的生计多样化能确保收入增长和生活水平的提高，同时可以减轻生态环境压力、降低单一生计活动的脆弱性和风险。但在引入新的生计途径时，应首先发展农户熟悉的生计活动，如改进定边县、靖边县等以传统农业生产为主的农户生计方式时应主要运用种植+务工的生计方式，在神木市、府谷县等能源开发影响程度较大地区是以务工+非农自营为主的生计方式，在榆阳区是饲养+种植、饲养+种植+务工的生计方式，在横山区则主要是种植+养殖+务工的生计方式。在发展原有生计基础上积极寻求替代生计。替代生计是能源开发区农户抵御因资源过度开采造成的自然环境风险的有效途径,应该基于当地农户生计考虑,大力开展商品加工、餐饮服务、养车、焊工、维修等实用技能培训,促进研究区农户生计策略多样化。此外,政府应该发挥主导作用,积极引导转变农户生计观念与生计方式,加大相应的政策支持,通过加大农户生计选择范围、促进农户生计策略多样化,从而进一步增强农户整体生计能力,提高农户生计水平。

六、降低农户生计风险

降低农户生计风险要针对不同能源开发区、不同县区级、不同类型农户实际情况,在政府配套政策保障的基础上促进区域产业机构多样化发展,提高农户收入水平,增加各项生计资本、提高整体生计水平和数据分析抵抗能力。促进区域产业多样化。榆林市应以建设循环型工业、农业、社会为目标,以“减量化、再使用、再循环”为原则,从企业、政府、社会三个层面推进循环经济发展模式,建成具有明显区域特色优势和竞争力的绿色能化基地。首先应该推进农业的特色化、产业化、规模化,榆阳区农户以养殖业为主,可以在此基础上重点发展畜牧及其加工业,逐渐减少对煤炭开采业的依赖度;以传统种植业为主的定边县、靖边县则可以发展红枣、小杂粮、育苗等特色农业,使劳动力回流,保证粮食安全,促进农民增收。其次是创新发展煤炭产业链及相关衍生产业,神木市、府谷县等煤炭开发重点地区可以延伸煤炭产业链,适当发展焦化、电力、煤化工等煤炭相关产业,实现从煤炭开采业到煤炭服务业的转变。另外,政府应该完善配套政策措施,提供相应的政策保障。地方政府完善保障机制,降低农户生产经营成本和风险,加强政策宣传,推进相关政策的落实(如无息贷款),建立监督、反馈制度。将能源开发收益用于支持产业多样化、城镇化、农村公共服务,实现煤炭资源收益惠及农民的体制机制。特别是在神木市、府谷县、榆阳区、靖边县等能源开发重点地区,应该出台优惠政策吸引能源资源整合后从能源产业退出的民间资本流向非能源产业,防止民间资本的流失。

农户对生态补偿的感知及响应情况如下：资金补偿、物质补偿、政策补偿三种生态补偿方式对整体生计资本的影响作用在5%的置信区间上显著，三者的影响系统均为正。四种生态补偿方式的实施都有利于提高农户生计水平，但是生态补偿方式的交互作用对农户生计策略正向影响最为显著，因此农户也更加容易接受互相"捆绑"的生态补偿方式。另外，农户生计策略差异对其资金补偿和技术补偿两种补偿方式的影响最为显著，对生态补偿方式组合（交互作用）影响较小。不同能源开发区农户对生态补偿的感知及响应差异较大。政策建议：一是完善能源开发生态补偿的法制建设；二是按区域、分类型、多途径实现生态补偿方式；三是加强对能源开发生态补偿监督力度；四是提高农户可持续生计水平；五是优化农户生计策略；六是降低农户生计风险。

第九章　基于博弈论的能源开发区生态补偿机制研究

矿产资源是经济社会发展的物质基础,矿产资源开发带动了国民经济的高速增长,但也对生态环境造成了巨大破坏。矿产资源生态补偿是指在资金约束条件下由矿产资源开发的受益方对已遭破坏的矿区生态环境进行修复治理,同时对受负外部效应影响的农户机会成本进行补偿,将外部效应内部化,进而实现社会公平的政策工具。随着大规模的资源开发,矿区环境日益恶化,如何调整矿产资源开发利益相关者之间不公平的利益分配关系,已成为实现资源地生态环境效益和社会经济效益可持续发展亟待解决的难题。近年来,矿产资源生态补偿问题逐渐引起学术界的重视。国内学术界的研究主要从补偿原因、补偿标准等方面展开,认为合理的矿产资源生态补偿政策必须要促进资源地经济发展,将矿产资源开发活动中的负外部性成本内部化。国内学者对生态补偿的矿产资源生态补偿问题也进行了初步研究,认为目前的矿产资源生态补偿仍停留于单一的现金补偿,尚未对矿区受损的生态环境进行有效修复,生态补偿应以机会成本为依据,对资源地采用“造血式”补偿。此外,还有学者认为,正确定位补偿对象、估算真实机会成本以及制定合理的生态补偿标准有助于提高生态补偿效率;根据生产技术水平、投产时间、环境破坏程度合理判定不同企业的生态补偿责任,同时发挥舆论监督,有利于督促污染企业主动承担生态补偿责任;加强政府对污染企业的监管,加大对企业拒缴生态补偿金的处罚力度,降低监管成本,完善生态补偿立法,有助于生态补偿机制的落实与完善。当前国内生态补偿偏重于政府或企业的单方面决策,学术界偏重于对流域、森林、水电资源开发等领域的生态补偿研究，而对能源开发区的生态补偿机制问题研究较少。运用博弈法对矿产资源生态补偿利益相关方进行成本与收益分析，进而明确责任义务，探索出实现利益相关者间综合效益最大化的最优策略选择，为明确能源开发区生态补偿利益相关者的责任及生态补偿标准的合理制定提供思路。

第一节 能源开发生态补偿博弈

矿产资源的生态补偿涉及政府（中央政府、地方政府）、企业（中央企业、地方企业）、农户等多方利益主体。在矿产资源的生态补偿过程中，农户、企业及各级政府都会考虑利用现有资源给自己带来最大的收益。

通过对利益相关方的分析，本书构建了两两参与的混合策略博弈模型，分别是中央政府与地方政府、中央企业与地方企业、政府与企业、农户与企业、农户与政府之间的博弈模型。

一、中央政府与地方政府的博弈

通过分析中央政府与地方政府在资源开发生态补偿中的权利收益关系，二者博弈主要体现在两个方面：一是地方政府是否会与矿产资源开发企业伙同违规操作来实现地方财政收入的增加；二是中央政府是否会采取相应的措施对地方政府的行为进行严格的监管并对其违法行为进行查处，防止自身利益受损。

设定：矿产资源开发所产生的总税费为 W，在矿产资源补偿金的利益分配过程中中央政府的分成比例为 $t(0<t<1)$，则地方政府分成比例为 $(1-t)$，地方政府选择权力寻租时获得的额外收益为 E，中央政府对地方政府执行严格监管时的成本为 C，地方政府与企业进行违法寻租被中央政府查处时，中央政府对地方政府的惩罚为 F。由此构建二者的博弈收益矩阵（见表 9-1）。

表 9-1 中央政府与地方政府博弈的收益矩阵

参与主体行为	中央政府监管	中央政府不监管
地方政府寻租	$(1-t)W+E-F, tW-C+F$	$(1-t)W+E, tW$
地方政府不寻租	$(1-t)W, tW-C$	$(1-t)W, tW$

通过表 9-1 可知，对于中央政府来说，是否会选择加强监管取决于地方政府该如何选择，若地方政府违规，则最优策略为监管；否则最优策略为不监管。地方政府是否会寻租也取决于中央政府的策略，若中央政府加强了监管，则地方政府不会顶风作案，违规帮助本地违法企业发展生产；若中央政府的监管和处罚力度降低，地方政府为了增加税收，便会与当地的矿产资源企业合谋，包庇违法企业进行掠夺式开发，导致资源浪费。只有中央政府对地方政府的惩罚大于地方政府寻租时的额外收益时，才能使地方政府不寻租。当地方政府不寻租，中央政府不监督，此时的博弈达成最优博弈。

二、中央企业与地方企业的博弈

按照“谁破坏，谁补偿”的原则，矿产资源企业应该对矿区环境破坏承担主要的补偿责任。出于对自身利益的考虑，中央企业和地方企业对矿产资源开采区的生态补偿都拥有补偿与不补偿两种策略选择。二者做出任何选择的收益受到对方采取何种选择的影响。如果两者都不进行补偿，则资源地的社会、经济、生态环境将有所恶化，有损企业的长远利益。

设定：中央企业与地方企业共同开发某地的矿产资源，双方承担相同的生态补偿责任，应缴生态补偿金为 1，若双方同时支付生态补偿金将会得到生态补偿长远收益为 4。由此构建二者的博弈收益矩阵（见表 9-2）。

表 9-2 中央企业与地方企业博弈的收益矩阵

参与主体行为	地方企业补偿	地方企业不补偿
中央企业补偿	3,3	-1,4
中央企业不补偿	4,-1	0,0

对中央企业来说，如果地方企业补偿，中央企业不补偿，中央企业收益为4；如果地方企业补偿，中央企业补偿时，双方获得收益均为3；若中央企业和地方企业都不补偿，此时中央企业收益为0；当中央企业补偿，地方企业不补偿时，中央企业收益为-1。所以中央企业的最优策略是不补偿。同理，对地方企业来说，最优策略也是不补偿。任何一方的不合作都将造成其责任缺位。此时的纳什均衡是双方都不补偿。因此，没有合理的生态补偿比例，没有外部约束激励机制，博弈的双方企业都将陷入"囚徒困境"，出现非合作博弈，使资源地生态社会利益受损。

三、政府与企业的博弈

政府作为生态补偿费的征管机构，政府的策略为监管或不监管，企业作为生态补偿费的缴纳主体，企业的策略为补偿或不补偿。企业往往希望尽可能不进行或者少进行生态补偿。企业对环境造成了严重破坏，理应承担起生态补偿责任。政府作为监管方，既要发展地方经济，还要行使对生态补偿金的收缴监管职能。假设政府的监管都是有效的，同时政府部门有效的监管必然耗费一定的成本。当企业拒绝缴纳生态补偿金时，政府有权对涉事企业采取吊销采矿许可证、加收滞纳金等处罚措施，罚金归政府所有。

设定：企业应缴补偿费为 R，企业补偿时所获得的长远收益为 M，不补偿的长远收益为 N，上缴补偿费的成本为 C，拒绝补偿被政府查处的罚金为 F，政府的监管成本为 T，不监管时政府收益为0。由此构建二者的博弈收益矩阵（见表9-3）。

表9-3　政府与企业博弈的收益矩阵

参与主体行为	企业补偿	企业不补偿
政府监管	$R-T, M-R-C$	$R+F, N-R-F$
政府不监管	$R, M-R-C$	$0, N$

通过表9-3分析可知，当政府监管时，企业的最优策略是监管，此时的收

益大于不补偿的收益;反之,当企业由于监管成本过高而放弃监管时,企业的最优策略是不补偿,企业选择不补偿时的收益大于企业选择补偿时的收益。对政府来说,当企业补偿时,政府不监管的收益大于监管时的收益;当企业不补偿时,政府的最优选择是监管,此时政府可以获高额收益。因此,对企业来说,企业生态补偿金越大,政府监管的概率就越大,企业补偿的概率就越大;政府的监管概率越小,企业补偿的概率就越小。对政府来说,当政府监管成本越高,政府会因为成本过高而减少或放弃对企业的监管,企业往往会逃避补偿。因此,政府是否执行强有力的监管将会直接影响企业是否会主动进行生态补偿。

四、农户与企业的博弈

矿产资源开采带动了地方经济的飞速发展,但是也对资源地生态环境造成了严重破坏,损害了资源地农户的长远利益。此时,农户有索赔和不索赔两种策略选择,受损失的农户将会向当地的矿产开发企业提出赔偿要求,要求对方支付一定额度的补偿金。同时,企业对农户索赔时也有两种策略选择:补偿和不补偿。当企业因补偿带来的边际私人成本小于边际社会成本时,企业会选择补偿,否则选择不补偿。此时,二者之间就形成了利益的博弈。

设定:企业应向受影响的农户支付的生态补偿金为 R,农户因矿产资源开采所遭受的环境成本和机会成本为 S,农户索赔需消耗的成本为 C_1,企业进行补偿时需自行承担的谈判成本为 C_2。由此构建二者的博弈收益矩阵(见表9-4)。

表 9-4 农户与企业博弈的收益矩阵

参与主体行为	企业补偿	企业不补偿
农户索赔	$R-C_1-S, -R-C_2$	$-C_1-S, R$
农户不索赔	$R-S, -R-C_2$	$-S, R$

博弈发现,对企业来说,无论农户是否提出索赔,其不补偿的收益远大于

选择补偿时的收益，此时企业会选择不补偿。从农户角度来看，无论企业是否会进行生态补偿，农户选择不索赔的收益大于选择索赔的收益，农户最优选择是不索赔。因此，本轮博弈产生的最优纳什均衡是农户不索赔、企业不补偿。但从现实看，企业的矿产资源开发活动严重侵害了农户生存发展的权益，企业理应对受到损害的农户进行合理补偿，政府或第三方公益机构应帮助农户维权索赔，妥善解决企业和矿区农户的矛盾和纠纷。

五、农户与政府的博弈

当农户与企业之间的补偿矛盾无法解决时，农户便会将自己的利益诉求提交给政府，由政府出面与企业协商以达到维护自身合法利益。作为农户，有维权和不维权两个策略选择；只有农户主动向政府提出维权诉求，政府才会有处理和不处理两种对策。企业出于利益考虑，通常不会主动向农户支付生态补偿金，因此只有政府解决了农户的维权诉求，农户才有可能获得生态补偿。

设定：假设农户应获得的生态补偿收益为 $E(E>S)$，其遭受的生态损害成本为 S；农户向政府申请维权的上访成本为 C_1；政府帮助农户维权时，需耗费成本为 C_2，此时政府获得的政绩和荣誉收益为 H；若政府未对农户提出的维权诉求进行处理，则农户的切身利益将得不到保障，农户与矿区企业的矛盾也将由此激化，由此而引发的上访等给政府所带来的负面形象损失以及上级处罚损失为 F。假设只有农户和政府共同努力才能获得补偿。由此构建二者的博弈收益矩阵（见表 9-5）。

表 9-5　农户与政府博弈的收益矩阵

参与主体行为	政府协助维权	政府不协助维权
农户维权	$E-S-C_1, H-C_2$	$-S-C_1, -F$
农户不维权	$-S, 0$	$-S, 0$

通过分析表 9-5 可知，对农户来说，当政府帮助农户维权时，农户维权所获得的收益远大于不维权时的收益，农户的最优选择是维权。对政府来说，当

农户维权时,最优选择是协助维权;当政府协助维权时,农户的最优选择是维权。无论农户采取维权还是不维权,政府采取协助或不协助的对策时,农户都要自行承担矿区开发所造成的生态破坏恶果。此时的纳什均衡为农户维权,政府协助维权,该均衡为好的纳什均衡。只有提高对服务型政府的嘉奖,降低农户维权成本才能维持这一均衡的存在。

第二节　能源开发生态补偿博弈分析

一、中央政府与地方政府的博弈分析

为防止矿产资源开发造成生态破坏,中央政府针对能源开发区生态制定一系列生态修复政策,并监督地方政府执行,以降低矿产开发带来的生态破坏概率,加强矿产资源富集区的生态安全,共同完成生态保护的目标。地方政府是具体制度的执行机构,在积极实行生态保护制度的同时追求地方财政增加,但生态补偿对矿产资源开发经济效益的降低,对榆林市地方政府生态补偿策略充满挑战。

当前,我国资源型城市转型和可持续发展财力支撑严重不足,榆林市也不例外。2016年榆林市全年财政总收入487.80亿元,其中中央财政收入255.11亿元,地方财政收入232.69亿元,然而财政支出却高达471.13亿元,全年水利水保投资17.17亿元。长期以来,在中央政府与地方政府的资源补偿费分成中,地方政府的分成比例明显偏低。以神华集团为例,其在榆林地区采煤,每吨留给县级政府的可支配收入仅为3.5元,然而地方煤矿采煤,每吨留给县级政府的可支配收入可达30元左右。地方政府不仅负责监管资源开发,还担负着发展地方经济、消除贫困、缩小地区发展差距的任务。假设榆林市的资源开发中,中央政府所获得的税费占60%、地方政府占40%,将使地方政府在生态环境修复和发展地方经济方面缺乏财力,地方政府出于对财政压力的考虑,将会降低对能源开发区的生态补偿,或者寻求与企业违规操作增加财政收入,严重影响到地方经济社会可持续发展。中央政府若不对生态进行

强制保护，或不严格监管地方政府与地方企业寻租行为，则会造成生态环境的进一步恶化和资源的过度开发，不利于地方经济社会健康发展。

为此，在中央政府和地方政府缺乏相关制度平衡和调节下，地方政策直接负责本辖区的矿产资源开发与生态补偿，保护责任较多区域的地方政府要积极落实中央政府政策，中央政府也应加强对主产区政府进行生态补偿，易于运用各种办法操作，达成生态补偿合作协议，在满足国家整体财政宏观调控的情况下减少中央政府在利益分配过程中的留存比例，对地方政府予以更高的补偿，来长期实现“无违规操作，无监督治理”这一均衡点（巩芳等，2015）。

二、中央企业与地方企业的博弈分析

在能源开发区加强生态补偿，对于中央企业和地方企业来说，都将有益于获取一系列集社会、经济、环境为一体的综合性效益，但短期的经济效益会出现负增长。生态效益具有不确定性和长期性，中央企业和地方企业彼此都追求眼前更高的经济效益，而忽略长远综合效益，通常都会倾向于选择不进行生态补偿或减少生态补偿，就加深了中央企业和地方企业在矿产资源开发过程中生态补偿的博弈（吕雁琴等，2013）。

榆林地区大部分矿区由中央企业管控，而且中央企业在当地已经进行了长期的开挖矿产而未缴纳生态补偿金。由于中央企业及其行政主管部门在行政级别上比地方政府高，中央企业凭借此优势常常拒绝缴纳地方政府规定的生态补偿金。相对应的地方企业，由于受到地方政府的直接管辖，通常会按规定缴纳生态补偿金。基于表 9-2 博弈结果，假设地方企业按规定缴纳生态补偿金，而中央企业拒绝缴纳生态补偿金，则会造成中央企业的责任缺失，不利于当地生态环境的修复。因此，首先，应明确界定中央企业和地方企业在矿区生态补偿中的补偿责任和补偿标准。实施中央企业和地方企业在执行生态补偿后得到相应生态效益返还额，与其不实施生态补偿或生态补偿不足时受到当地政府的罚款，以此强化中央企业和地方企业的生态补偿和社会责任意识。其次，要努力降低企业的生态补偿成本，全方位提高企业补偿后的综合效益。成本是任何“经济人”执行生产活动的首要考虑因素，生态补偿成本的降低将有效地带动企业的生态补偿意愿，补偿后的综合效益提高，足够大的净收益是激发企业进行生态补偿的有效动力。

三、政府与企业的博弈分析

矿产资源开发企业入驻资源所在地，当地政府需要权衡是否可以在国家法定条件下获取企业的直接税费贡献，统筹考虑企业的发展能否对当地经济起到相应的推动作用；企业也会从自身利益出发，判断能否在满足政府基本需求的情况下实现自身利益的最大化。因而，政企双方都在追求自身利益的最大获取，只有满足这一基本条件，才可以实现资源开发、利益分配等后续工作的开展（程倩等，2014）。国内外众多学者研究发现，加大对不进行生态补偿的采矿企业和监管失职的政府的处罚力度有助于生态补偿工作的开展和监管职能的强化（刘雨林，2008；熊鹰，2007）。

矿产资源开发初期，榆林市为了吸引企业投资开发，推动地方经济发展转型，采取了一系列税费减免、税费返还、财政补贴等优惠政策，企业从自身利益角度考虑项目的建设和运营，最大限度地获得最大利润。为增加税收，地方政府往往会采取违规操作，降低对地方企业支付矿产资源生态补偿金行为的审查和监管，使得部分企业补偿缺位。因此，强化政府监管，进一步降低政府监管成本，加大对企业拒绝缴纳补偿金的罚金，将有助于实现生态补偿。

通过分析政府和企业博弈的收益矩阵可知，要对矿产资源开发中各个利益相关方进行产权界定、明确各自的权利结构、生态补偿申诉制度，制定合理的生态补偿政策。政府应该整合环保、国土资源、财政等部门成立跨部门的矿区生态补偿治理专门机构，根据“谁破坏，谁补偿，谁受益，谁付费”的原则，从法律层面上明确矿区生态环境修复治理的主体，明确企业对环境破坏及时治理的责任，界定矿产资源开发中各个利益主体的产权（蔡绍洪等，2011）。

四、农户与企业的博弈分析

矿产资源开发是一把“双刃剑”，具有刺激经济增长、拉动就业和增加产出的积极作用，同时又加剧了资源枯竭、环境破坏、生态恶化的消极影响。企业的策略选择空间是补偿和不补偿矿区周围农民，农民的策略选择空间是索赔和不索赔，矿区周围农民是矿产资源开发造成的生态环境破坏和污染最直接的受害者，矿产资源开发企业理应对居民给予一定的经济补偿，而企业作为营利性组织，对居民的生态补偿会损害企业的短期利益。因此，居民需要通过与企业斗争或向政府环保部门举报等方式维护自身合法权益（程倩等，2014）。

通常情况下，企业进行矿产资源开采所造成的生态污染，最先损害的就是农户的生存发展权益。通过对榆林市农户入户调查发现，农户一般信息闭塞，斗争经验不足，企业又与当地政府部门有着千丝万缕的利益联系，使得农户往往在斗争中处于劣势。如果农户不向当地矿产资源企业索赔或者索赔力度小，往往会造成企业不提供或尽量少支付生态补偿，农户的生存发展权益也无法得到维护。榆林市虽是资源富集地，然而生态环境恶劣，贫困人口众多，近年来能源市场不景气，大部分矿区企业出于利益考虑，将生态补偿对象限定为被占用耕地的农户，同样受污染破坏影响的农户却无法公平地获得补偿，如果农户无法通过自身索赔获得企业的生态补偿，必然导致当地社会经济及自然生态环境继续恶化，农户的生活水平持续下降，极易引发社会矛盾，不利于当地的长远发展利益。

五、农户与政府的关系分析

农户与政府之间的关系是一个不断循环的动态过程，他们之间关系的背景、对环境问题的态度以及可能采取的行动都在不断地变化（苏春安，2008）。地方政府在生态补偿过程中具有双重身份，既要保护农户在经济建设中的利益，又要实现地方财政收入的增收及政绩的提高。农户是最为弱势的利益分配主体，近年来，随着我国各项法律制度及相关政策的完善，农户对自身权益的保护意识不断加强。

2016 年，榆林市农业产值占总产值的 5.9%，远低于工业所占比重的 60.6%，该地区农业基础弱，大规模开采致使房屋裂缝，空气和饮用水污染，一旦达到农户无法生存的程度，农户则必然会产生获取生态补偿的强烈意愿。

若企业未对遭受生态破坏威胁的农户进行补偿,农户出于自身利益考虑,一定会采取维权措施,通过向政府部门举报,提出利益诉求。此时政府从地方稳定大局出发,将采取措施与矿区企业协商谈判,发挥政府的协调管理职能。

随着经济发展、人民生活水平提高及环境污染加剧,生态效益越来越得到人们的重视,企业与农户均会理性地考虑均衡综合效益,这是对目前众多发达国家强烈要求发展低碳经济、保护生态环境、节能降耗的有力解释。榆林市作为资源型城市出现的生态恶化问题就是因为只重视经济效益,而忽视了长期的生态效益,要实现经济、社会与生态环境的可持续发展,就要求政府能制定行之有效的生态补偿政策,提高对服务型政府的嘉奖,降低农户维权成本才能维持纳什均衡的存在,进而跳出先污染再治理的陷阱(牛国元等,2009)。

第三节 能源开发的生态补偿机制

一、完善中央政府与地方政府资源收益共享机制

中央政府与地方政府在矿区资源开采的过程中存在一定的利益冲突。《中华人民共和国宪法》第九条明确指出:"矿藏、水流、森林、山岭、草原、荒地、滩涂等自然资源,都属于国家所有,即全民所有;由法律规定属于集体所有的森林和山岭、草原、荒地、滩涂除外。"《中华人民共和国矿产资源法》第三条明确规定:"矿产资源属于国家所有,由国务院行使国家对矿产资源的所有权。地表或者地下的矿产资源的国家所有权,不因其所依附的土地的所有权或者使用权的不同而改变。"在矿区资源开采的过程中中央政府作为最大受益方,地方政府在这方面获利相对较少。同时,中央政府与地方政府之间所关注的方面也不尽相同,中央政府代表全社会的整体利益会考虑生态环境问题所导致的一切后果,会关注经济的长期可持续的情况;而地方政府所关注的利益则具有区域地方性,地方政府可能会只囿于局部的利益,而对于生态治理存在一定的不作为情况。

中央政府与地方政府的收益差距过大会给生态环境治理设置障碍。因

此,应该调整中央政府与地方政府的利益格局和收益差距,从利益兼顾和互动的角度,形成激励相容的利益机制。科学地划分中央政府与地方政府的事权财权,对于体现国家整体利益、需要全国范围内统筹安排的生态补偿项目由中央政府负责,经费由中央政府投入;对于地区性的生态补偿项目由地方政府负责。同时在合理地划分了事权的基础上,将地方政府的事权与财权相匹配,增强地方政府的生态补偿能力。加强中央政府对地方生态补偿工作的转移支付,增强地方政府的财力,使其能很好地完成生态补偿的任务。中央政府应加大对资源地政府的财政支持,重视资源地政府和农户的利益,调整矿产资源补偿费在中央政府和地方政府之间的分配比例,适当增加地方政府的分成额度,使地方政府有能力更好地服务地方发展,促进资源型城市转型发展。

二、构建矿产资源生态补偿法律制度体系

近年来,我国十分重视建立和完善有关矿区资源综合利用和环境治理的法规,并已经逐步确立了土地利用规划、环境影响评价、环保“三同时”制度、勘探权和采矿权许可证制度、限期治理等法律制度。在已经出台的《矿产资源法》、《环境保护法》、《土地管理法》和《土地复垦规定》中,对矿产资源综合利用和矿山环境治理分别从不同角度提出了要求。这些规定虽然是关于矿区资源开发过程中的环境保护问题,但均没有涉及生态补偿问题。我国与矿产资源相关的税费主要有矿产资源税和矿产资源补偿费,但这些税费在征收数额上远远不能满足对矿区环境保护的作用,征收的矿产资源补偿税费只是对矿产资源开采所造成的资源经济价值损失的补偿而并不具有生态补偿的意义。因此,通过制定法律,建立我国开发矿产资源生态补偿机制迫在眉睫。

现有的矿产资源补偿,都不是以矿产资源开发过程中生态功能恢复、维护、提升为目的而制定的。主要是偏重于补偿资源自身的经济价值以及调节资源级差收入,或者重在解决资源耗竭性补偿问题,或者属于矿产资源勘探投资的对价,都不存在对生态的补偿问题(李冰等,2008)。因此需要在法律层面,进一步明确矿产资源开发生态补偿中各利益相关方的责任和权益;完善矿产资源税费制度,整合现有的矿产资源税和矿产资源补偿费,制定科学的生态

补偿标准;建立矿区企业参与生态补偿激励奖惩机制,加大对拒绝缴纳生态补偿金的企业处罚力度,督促企业按时足额缴纳与其破坏的环境代价相当的生态补偿金。政府严格监管,确保生态补偿政策的落实。

明确补偿主体及责任划分是构建矿产资源生态补偿机制的基础。矿区生态补偿机制运行首先必须要解决补偿主体及责任划分问题,只有在主体范围确定,责任划分明确的前提下才能进行各种利益之间的协调与合作。矿区生态补偿主体应该包括政府和市场两个方面。而我国的矿区生态补偿中存在政府与市场主体责任规定不明确问题,因此要严格责任界限,通过法律准确界定新旧矿区生态问题来确定补偿主体,进一步明确矿产资源开发生态补偿中各利益相关方的责任和权益。同时应该构建矿产资源生态补偿法律制度体系,强化政府监管职能,引导企业承担主体责任。同时在矿产资源生态补偿立法过程中,一定要树立政府主体责任制度,合理规定矿产资源生态补偿金征收标准和征收范围,完善政府对生态补偿金的管理与使用、监督体系和评估体系,专款专用,妥善利用市场机制,协调各个利益相关者,保证矿区生态补偿有序进行。

三、生态补偿资金的统筹机制

我国在生态补偿资金方面存在的问题主要有补偿资金匮乏、资金来源结构不合理、资金往来主体不明确、资金收取标准不统一等,因此首先应当明确界定生态补偿的主体、建立科学的补偿标准、采取政府补偿与市场补偿相结合的补偿方式,通过形式多样的不同方法广泛筹集资金,完善立法,为加强矿区生态补偿工作提供强有力的法律保障。

要对使用的资金具体化。统筹生态补偿金,做好对农户补偿,加强生态环境修复,提高生态补偿的实效。补偿资金应全部用于矿区的生态保护、生态修复和生态补偿,各地在使用生态补偿资金时必须围绕这三方面进行。同时应结合生态保护区域的管控级别和类别,对“环境保护、生态修复和生态补偿”的内涵细化、具体化,进而制定适合本地生态补偿资金的使用细则和操作流程。资源地政府应对矿产资源开采区的农户因生态环境恶化而失去的发展机会进行补偿,因户施策,针对不同的农户采取合适的补偿方式(如发放现金、生态移民、职业技能培训、养老保障等）帮助农户恢复生产生活，切实维护其生存发展权益。

生态建设作为生态补偿的重要内容，应统筹使用生态补偿金、污染费，对已遭破坏的生态环境进行科学评估，制定有效措施进行矿区生态环境修复，挽救日益恶化的矿区生态，提高生态保护补偿金的利用效率，促进矿区生态环境良性发展。

四、建立资源地农户生态补偿收益长效机制

建立一个长效、稳定的生态补偿机制对保护中国的生态环境，改善环境质量，提高生态建设者的积极性是非常重要的。矿区生态补偿短期的目标是恢复和保护矿区生态环境，长期的目标是要促进矿区经济进步，调整产业结构，把资源优势转化为经济优势，实现当地经济、社会和资源的可持续发展。但是人们为了生存、为了发展，当矿产资源生态补偿到期后，在生活压力面前，可能不得不开垦山地，毁坏生态补偿修复的生态环境。矿区的生态补偿要建立后续收益的长效机制，发展后续产业，确保矿区居民的收入水平持续提高，提高矿区自我发展能力，实现矿区经济可持续增长。

首先，应当激活土地资源，建立资源地农户生态补偿收益长效机制，为后代人的发展保存收益。其次，为保证农户获得长期持续的生态补偿收益，应通过盘活农村土地资源，建立农村集体组织和村民的矿地使用制度，允许资源地群众通过集体经济组织，以集体和群众土地使用权、地上附着物等作价入股，分享资源开发的经济利益。还要设立自然资源利用信托基金，为子孙后代保存收益，让资源地农户特别是贫困人口能够获得长期稳定的收益，使资源开发与贫困人口增收实现有机结合。

五、构建农户生态补偿维权保障机制

在矿产资源开发中农户是生态环境破坏的直接承受者，在自身利益受损时，无法有效地维护自身的生存发展权益。因此应当建立相关的维权保障机制，来保障农户的基本权益。

首先，应当加强政策宣传，加大生态补偿政策的宣传力度，增强当地农户的监督维权意识，使农户了解生态补偿相关的法律法规，明白自己的合法权益，增强农户维权意识，同时政府也要承担起帮助农户索取生态补偿款的职能。

其次，政府部门应拓宽农户的监督维权渠道，设立专门负责农户生态补偿权益办公室，积极组织与所辖矿产资源开采企业开展协商谈判，积极维护矿区农户的生态补偿权益，促进社会公平。

最后，应加强矿区生态补偿的监管，因为唯有政府内部和公众的互动合作才能有效地与政府及企业决策中生态破坏行为进行较量，才可能推动矿产资源开发生态补偿机制的合力。各级政府监察部门要对各地矿区生态补偿工作开展专项执法监察和能效监察，督促矿区生态补偿执法机关切实履行其职能；监察部门还应加强对矿产资源开发生态补偿重点环节的监督，如对矿区生态补偿资金的管理和使用等，适时开展对重大矿区生态修复项目的稽查，确保及时发现和查处违法违规行政行为，依法追究有关责任人的行政和法律责任。公众对矿产资源开发生态补偿参与的程度取决于公众的环境意识，即社会公众在法律规定的情况下必须能够确切地知道国家现有生态环境和执法管理情况。只有让公众充分了解各种矿产资源开发生态补偿制度和具体措施实施情况，才能实现公众参与，避免将公众监管流于形式。

生态补偿是保护生态环境、促进人地和谐的重要手段。建立科学的能源开发区生态补偿机制有助于实现区域可持续发展，而科学的机制应建立在对利益相关者的全面分析基础上。通过构建包含中央政府、地方政府、中央企业、地方企业、农户等生态补偿利益相关者在内的多方博弈模型，对榆林市矿产资源开发中利益相关者的生态补偿策略选择和利益诉求进行博弈分析。当前，只有加快建立矿产资源开发生态补偿机制，合理调整各级政府的税收分成比例，有效发挥政府监管职能，增强企业自觉参与生态补偿的责任感，提高农户的监督维权意识，建立补偿收益长效机制，才能从根本上改善矿区农户的生活，修复矿区生态环境，提升矿产资源生态补偿实效。

第十章　基于农户生计的能源开发区生态补偿模式

我国是世界上少有的以煤炭为主要能源的国家，煤炭产量已经超过了世界总产量的三分之一，据2016年《能源发展"十三五"规划》显示，我国煤炭在能源消费结构中占比达64%。煤炭资源开采带来的水资源污染与破坏、土壤污染、水土流失加重（秦艳红等，2007）等问题逐渐暴露出来，煤炭资源富集区的农户为此付出的代价也在逐渐展现，因此实施生态补偿、完善生态补偿政策迫在眉睫。近年来，我国相关部门已经着手组织生态补偿工作：2007年通过了《山西省煤炭可持续发展基金征收管理办法》，在山西试点矿产资源改革，拉开了矿产资源生态补偿实践的序幕；2000—2010年，相继出台了一系列矿产资源开发生态补偿条例及细则；2016年12月23日，国务院批复《西部大开发"十三五"规划》，要求西部地区完善生态补偿、守住生态红线。生态补偿也迅速成为生态学、地理学、经济学等学科研究的热点，国内学者的研究方向主要集中于生态补偿的基本理论（刘子刚等，2016；刘春腊等，2013；赖力等，2008；孙新章，2006；毛显强等，2002）、机制（朱九龙等，2016；李文华等，2011；隋春花等，2010；马丹等，2009；俞海等，2007）、补偿标准（仲俊涛等，2013；戴君虎等，2012；王学恭等，2009）等，且研究河流、流域地区的生态补偿问题的较多（乔旭宁等，2012；徐大伟等，2012；张志强等，2012；禹雪中等，2011；段靖等，2010），涉及生态补偿模式尤其是煤炭资源开发区生态补偿模式的研究以及如何合理选择的较少（文琦，2014；韩鹏等，2012；张艳梅等，2011）。生态补偿模式即生态补偿的途径或方式，是实施生态补偿的前提和关键，因此研究生态补偿的模式具有重要的意义。神木市是中国第一产煤大市，煤炭资源丰富，拥有神东和神府两个亿吨级煤炭生产基地，是典型的煤炭资源富集区，经济发展和生态保护的矛盾日益突出。1996—2014年，神木市的经济保持着高速增长；2005年神木市进入西部百强县；2008年神木市进入全国百强县；2009年神木市的综合竞争力排名跻身于西部五强。从全年的地区GDP来看，神木市1995年为7.55亿元、2005年为140.25亿元、2014年超过了900亿元，如此高速的发展都离不开神木市大规模的煤炭开发。虽然神木市经济在飞速发展，但境内的生态环境遭受到巨大的破坏也不容忽视。有些煤炭开采区由于煤层埋藏浅，地表常常就会大面积塌陷，土地无法耕种、河流污染、矿区村落广泛发生水荒，一些塌陷区已丧失了保持人类基础生存前提，给矿区生态环境造成巨大的压力，许多居民为资源开发利用付出了沉重的代价。为缓解此类问题，神木市实施了多种生态补偿模式。以神木市为例，利用Logistic二元回归模型分析探讨煤炭资源富集区居民偏好的生态补偿模式及其影响因素。

第一节　农户接受生态补偿模式的偏好分析

一、研究方法与变量选择

（一）研究方法

文章采用Logistic二元回归模型，在大量阅读相关文献资料、了解煤炭开发地区生态补偿模式的现状和研究进展的基础上考虑神木市农户对生态补偿模式的选择这一问题，利用实地调查的数据，借助模型，分析影响农户选择补偿方式的相关因素。回归模型是一种对二分类因变量（因变量取值有1或0两种可能）进行回归分析时经常采用的非线性分类统计方法（蔡银莺等，2011）。根据Logistic二元回归建模的要求，设X_1，X_2，X_3，…，X_i是与Y相关的一组向量，设P是某事件发生的概率，将比数$P/(1-P)$取对数得$\ln[P/(1-P)]$，即对P作Logistic变换，记$logit(P)$为：

$$P = exp(\alpha + \beta_1 X_1 + \beta_2 X_2 + \cdots + \beta_i X_i)/1 + exp(\alpha + \beta_1 X_1 + \beta_2 X_2 + \cdots + \beta_i X_i) \quad (10-1)$$

式（10-1）中，P 表示农户选择某一煤炭生态补偿方式的概率；α 为常数项；X_i 表示影响农户选择补偿方式的因素；β_i 表示变量 X_i 的回归系数。

（二）变量选择

根据对神木市农户的调查与走访，分别选取现金补偿模式、政策补偿模式、技术补偿模式、机会补偿模式为因变量，16 种影响因素为自变量。并将其划分为基本要素、区位要素、经济要素、社会要素四类要素，基本要素类包括户主年龄、户主受教育程度、家庭人口规模、家庭劳动力数量、家庭常住人口数量、健康状况；区位要素类包括位置、距县城中心远近、外出务工地点；经济要素类包括家庭年收入、能源收入占总收入的比例、获得贷款的机会；社会要素类包括交通便利度、邻里关系、户主职业、技能（见表 10-1）。

表 10-1 相关要素在模型中的定义

因 素	自变量名称	自变量定义
基本要素类	户主年龄	18—40 岁=0，41—65 岁=1，66 岁及以上=2
	户主受教育程度	文盲=0，小学=1，初中=2，高中=3，高中以上=4
	家庭人口规模	1—2 人=0，3—4 人=1，5—6 人=2，7—8 人=3，9 人及以上=4
	家庭劳动力数量	无=0，1—2 人=1，3—4 人=2，5—6 人=3，7 人及以上=4
	家庭常住人口数量	无=0，1—2 人=1，3—4 人=2，5—6 人=3，7—8 人=4，9 人及以上=5
	健康状况	健康=0，亚健康=1，有疾病困扰=2
区位要素类	位置	北部=0，南部=1
	距县城中心远近	近郊=0，中郊=1，远郊=2
	外出务工地点	不务工=0，本县区=1，市=2，省内=3，外省=4
经济要素类	家庭年收入	5 万元以下=0，5 万—10 万元=1，10 万—20 万元=2，20 万—50 万元=3，50 万元以上=4
	能源收入占总收入的比例	0%=0，1%—20%=1，21%—50%=2，51%—60%=3，61%—70%=4，71%—80%=5，81%—90%=6，91%—100%=7
	获得贷款的机会	不容易=0，一般=1，容易=2

续表

因　素	自变量名称	自变量定义
社会要素类	交通便利度	不便利=0,一般=1,便利=2,非常便利=3
	邻里关系	不友好=0,一般=1,友好=2
	户主职业	无=0,种植业=1,煤矿职工=2,机械维修=3,运输个体户=4,机关事业单位=5,创业人员=6,建筑行业=7,国企或大中型私企=8,小型私企=9,临时工=10,其他=11
	技能	无=0,只会种地=1,略知一二=2,擅长某种技能=3

二、农户接受生态补偿模式的偏好分析

(一)农户对各种煤炭生态补偿方式的选择偏好

根据对调查问卷的统计分析,调查区农户对各种煤炭生态补偿方式的选择偏好的情况如表10-2所示。有47.9%的农户选择了政策补偿,有35.9%的农户选择现金补偿,分别有11.5%和4.7%的农户偏好有利于能力建设的补偿方式即技术补偿和机会补偿。

表10-2　农户接受生态补偿模式的偏好统计

补偿方式	现金补偿	技术补偿	政策补偿	机会补偿
选择比例(%)	35.9	11.5	47.9	4.7

(二)不同补偿模式的Logistic回归分析

对影响农户选择现金补偿模式、机会补偿模式、技术补偿模式、政策补偿模式的16类相关因素进行Logistic二元回归处理,所呈现的数值结果越大表明其对选择某种补偿模式的影响程度就越大,即成正相关。模型的回归结果见表10-3。

表 10-3　Logistic 模型回归结果

因　素	自变量名称	现金补偿	政策补偿	技术补偿	机会补偿
基本要素类	户主年龄	1.496	0.000	0.343	0.106
	户主受教育程度	0.000	0.001	0.383	2.166
	家庭人口规模	1.404	2.724	1.611	1.709
	家庭劳动力数量	0.305	0.376	0.015	11.662
	家庭常住人口数量	1.441	5.168	5.157	1.668
	健康状况	1.244	1.134	0.757	0.919
区位要素类	位置	5.994	2.567	0.900	0.034
	距县城中心远近	3.566	0.122	0.656	1.098
	外出务工地点	0.018	0.542	5.884	0.195
经济要素类	家庭年收入	0.486	0.001	0.380	0.883
	能源收入占总收入的比例	0.074	0.009	1.594	2.053
	获得贷款的机会	0.302	0.334	0.058	0.003
社会要素类	交通便利度	0.773	0.164	5.502	0.883
	邻里关系	0.666	0.845	3.937	0.100
	户主职业	0.811	0.177	5.036	0.064
	技能	8.152	5.852	1.414	0.033

第二节　矿区政策补偿模式

一、政策补偿模式内涵

政策补偿模式指政府根据区域生态保护的需要，实施差异性的区域政策，鼓励生态保护地区的经济社会发展，对生态保护地区因生态保护受到的损失进行政策性的弥补（江秀娟，2010）。也就是说，当矿区因为响应国家环保政策之禁止开发当地的矿产资源、禁止为经济发展而牺牲当地生态环境，这些政策的落实，致使当地居民收入下降以及当地政府税收的减少（纪传通，2018），于是政府根据矿区生态环境保护的需要，实施差异性的区域政策，鼓励当地经济社会发展，对矿区因生态保护受到的损失进行政策性的弥补。具体来说，政策补偿包括两类：一是下级政府在授权的权限内，利用制定政策的优先权和优惠待遇，制定一系列创新性的政策，以利于本地区经济社会发展，人民生活水平的提高；二是上级政府直接给予的优惠政策，使受补偿地区经济社会的发展与其他地区保持实质上的公平。政策补偿方式是目前最为广泛应用的补偿方式，也是未来生态补偿立法中占主导地位的补偿方式。

常见的补偿方式有：增加对当地的财政转移支付力度，实施税收减免优惠的税收政策，优先安排重要生态功能区的基础设施和生态环境保护项目投资，鼓励清洁项目和绿色产业发展，实施生态有限的政绩考核政策。我国"十一五"规划纲要提出，要基于主体功能区划分，实施差异性的区域发展政策，主要是对限制开发区与禁止开发区进行政策补偿，体现在增加对限制开发区、禁止开发区的财政转移支付，逐步使当地居民在教育、医疗、卫生、社会保障、公共管理、生态保护与建设方面享有均等化的公共服务，加大对限制开发区和禁止开发区生态环境保护项目的投资力度，对限制开发区和禁止开发区实施生态优先的政绩考核体系，考核中要弱化经济增长、城镇化水平评价，强化生态保护绩效以限制开发区为平台整合现有的生态项目建设（中国生态补偿机制与政策研究课题组，2007）。

政策补偿方式主要适用于以下情况。

（1）受补偿者范围广、人数多，一般系某一区域的全部居民、企业等。如在东江源区生态保护中，应受补偿的系东江源区各族人民；在鄂尔多斯市矿区生态补偿中，应受补偿的系矿区及周边各族人民，在这类案例中，对每一户居民、每一家企业进行直接补偿是不现实的。

（2）受补偿者的经济权利、发展权利等均受到很大限制，如若采用货币补偿或实物补偿的方式，不仅耗资巨大而且见效甚微，在这种情况下，可采用政策补偿方式，以受补偿者所在行政区域的政府（以下简称"受偿政府"）为代表，实现受偿地区及居民的发展权利与其他地区平等。浙江省人民政府在生态补偿中强调,要继续从体制上、政策上为欠发达地区的异地开发创造有利条件,加大下山脱贫、生态脱贫的政策扶持力度,各级财政要逐年增加下山脱贫资金投入,下山脱贫小区建设中地方收取的有关税费给予全免,所需用地予以重点保证。

二、对农户选择政策补偿模式的影响因素分析

如表 10-2 所示,政策补偿模式是最受农户偏好的生态补偿模式,有 47.9%的农户选择。从表 10-3 的 Logistic 模型回归的结果可以看出,技能、常住家庭人口数量、家庭人口规模是影响农户选择政策补偿模式最为显著的因素。

(一)技能

技能是影响农户选择政策补偿模式的首要因素。被访农户中有高达 65.1%的农户表示自己不具有专业技能,而政策补偿多是政府对治理生态环境而进行的投资,由政府买单,农户在政府的规划和调控下参与对生态环境的治理。在此过程中,治理生态环境产生了大量不需要专业技能的工作岗位,使得治理了生态环境的同时也提高了农户收入,一举多得。

(二)家庭常住人口数量

家庭常住人口数量是影响农户选择政策补偿的第二因素。在调查的 192 户农户家庭常住人口为 1—2 人的有 122 户,且其中老年人口比重较大,这是因为矿区占地的农户中由于青壮年多外出务工,留守老人较多,老年人更倾向于选择“老有所依”的政策性补偿。

(三)家庭人口规模

家庭人口规模是影响农户选择政策补偿的第三因素。主要影响有两方面:一方面是家庭人口规模,规模越小,进行现金补偿时越不占有优势,所以其对政策补偿有着更多的要求;另一方面是家庭人口结构,在调查的 192 户中有 71.4%的家庭有 1—3 位老年人。因老年人只能从事比较简单的农业活动且经济收入不多、来源不稳定,所以对可以提供具有长期性和稳定性的养老保障政策具有很大的倾向性。

第三节 矿区现金补偿模式

一、对农户选择现金补偿模式的影响因素分析

本次调研中35.9%的农户选择了现金补偿模式，在所有模式中居第二位。区位要素中的位置、距县城中心远近和社会要素中的技能对农户选择现金补偿模式有着显著影响。

（一）技能

技能是影响农户选择现金补偿模式的首要因素。本次调查数据显示：以务农为主要收入来源的108户家庭中有48户选择了现金补偿其比例为44.4%，拥有较低水平技能的13户家庭中有5户选择了现金补偿其比例为38.5%，拥有擅长技能的67户家庭中仅有9户选择了现金补偿其比例仅为13.4%。因为技术水平低的农户没有一技之长，生产能力低，因此更需要现金补偿。

（二）位置

位置是影响农户选择现金补偿模式的重要因素。文中位置是根据调查区域的不同，分为北部、南部。神木市北部的煤炭资源较南部要丰富，因此北部为煤炭资源富集乡镇，调查了大柳塔、中鸡、店塔、麻家塔、孙家岔、大保当6个乡镇（办事处）共92户。南部为煤炭资源相对匮乏型乡镇，调查了解家堡、高家堡、太和寨、贺家川、沙峁5个乡镇（办事处）共100户。发现，位于神木市南部的农户对于现金补偿方式的偏好高于北部农户，这是因为南部煤炭资源较北部匮乏一些，大部分农户还是以农林种植业（农业和林业）为主要经济来源，收入较北部农户要低些，因此对现金的需求要更高。

（三）距离县城中心的距离

距县城中心的远近也对农户选择现金补偿模式有较显著影响。距县城中心距离越远，对现金补偿模式的偏好就越明显。相同条件下，距离县城每增加1千米，低收入农户减少48元、高收入农户减少1158元（焦旭娇等，2014），近

郊农户可以利用县中心的经济、文化、交通、信息等优越条件，参与市场的主动性较强，而远郊农户则处于乡村贫困推力的被动状态。因此偏僻村镇的农户更倾向于选择回报较快的现金补偿方式。

二、矿区资金补偿模式

资金补偿是指政府通过多种渠道获得资金，并用于勘查资源、恢复治理矿区生态环境等的一种补偿行为。其中在对于恢复治理矿区生态环境时，资金补偿是直接给予生态建设者、环境保护者以及自身利益受损者等对象的，属于直接补偿，其优点是能着眼于补偿对象的眼前利益，解决其眼前困难，从而调动其生态建设和保护的积极性（董泽琼，2012）。

资金补偿包括国家层面的资金补偿、地方政府的资金补偿、煤炭消费区向煤炭生产区的资金补偿、煤炭消费企业的资金补偿和煤炭生产企业的资金补偿 5 种方式（张宏，2008）。常见的形式有补偿金、赠款、减免税收、退税、信用担保的贷款、补贴、财政转移支付、贴息和加速折旧等，如对矿产资源开采不科学和排污严重的企业征收较高的税收并直接补贴到环境治理之中；将企业所缴纳的生态税、资源税以及靠矿产资源发家致富的民营企业家的捐赠款用于资金补偿的财政补贴中等形式（牛建平，2014）。

从研究结果可得出，农户选择现金补偿的模式与其所处的区位因素（位置、距县城中心远近）以及农户所掌握的技能密切相关，因此在选择资金补偿的对象时，可对这些因素进行参考，以便更好地实施资金补偿，在此基础上，提出了提高和巩固资金补偿效果的建议。

（一）政府部门应加强对生态补偿资金的管理和使用

生态补偿资金的来源是解决生态补偿问题的关键和落脚点。为使矿区生态补偿制度完全发挥其功效，必须想方设法、合法正当地广泛筹集足够的生态补偿资金，这是解决矿区生态环境问题的核心所在。在补偿资金的使用上，要确保资金的专款专用，即除管理费用外，资金应全部用于矿区生态环境治理；矿区生态补偿工程要向全社会公开招标，提高资金使用效率；可设立资金的独立管理机构，按照征管分离的原则进行管理；除此之外，也要定期接受人大、审计、税务和舆论的监督,确保补偿资金不被挪用。

(二)确保资金补偿精准

由于现金补偿是最为直接的生态补偿模式,回报较快,因此成为研究区内生活在矿产资源匮乏、远离县城中心、技能掌握水平低的农户所选择的生态补偿模式。但在对矿区农户进行资金补偿时,在尊重农户选择资金补偿的基础上,也要合理甄别农户,将资金补偿用于最为适合的农户中,提高生态补偿的效果。

(三)对获得资金补偿的农户进行正确引导

农户在获得大量的现金补偿后可能会引发一些问题,此次调查过程中发现神木市民间存在有借贷活动,仅在受访的192户农户家庭中就有20.8%的参与过民间借贷活动,其中有70%的投入资金超过10万元,有39%的农户遭受过不同程度的亏损。此外,攀比风盛起,农户争相用补偿款购买豪车、楼房,婚丧嫁娶时礼金大幅上涨,一定程度上造成了浪费。针对这种现象,政府在农户获得资金补偿之后,也要有针对性地引导农户对补偿资金进行合理规划,直接向农户补贴现金的方式虽然能提高收入,但不合理的使用方式也会造成大的亏损,不利于农户的发展。

第四节　矿区技能补偿模式

一、农户选择技能补偿模式的影响因素分析

技能补偿模式居第三位,有11.5%的农户选择。技能补偿模式中外出务工地点、交通便利度、家庭常住人口数量和职业是对其影响最为显著的因素。

(一)外出务工地点

外出务工地点是影响农户选择技能补偿模式的首要因素。调查发现98户家庭中有外出务工人员,分别在本县内、榆林市、陕西省内或省外这三个不同地区。其中,在县内务工农户选择技能补偿的比例最低为12.3%,在陕西省内和省外务工的农户选择技能补偿的比例最高为40%。相比而言,务工地经济越发达,农户的选择机会就越多,就越发意识到技术对获得好的工作岗位

和高薪酬的重要性，因此对技能补偿模式就越倾向。

（二）交通便利度

交通便利度是影响农户选择技能补偿模式的第二因素。在选择技能补偿的农户中有31.8%的交通情况为便利，有68.2%的为一般便利。所以交通便利度越低的农户对技能补偿的需求越大。这是因为交通不便利、经济不发达刺激农户希望通过学习技术改善自身现状、提升自己的生活水平。

（三）家庭常住人口数量

家庭常住人口数量是影响农户选择技能补偿模式的第三因素。常住人口为1—2人的农户家庭中有7.4%的农户选择技能补偿，常住人口为3—4人的农户家庭有18.6%的农户选择技能补偿，常住人口为5—6人的农户家庭有20%的农户选择了技能补偿。从上述的数据可以得出，家庭常住人口越多对技能补偿模式越偏好。技能补偿可以提高农户的生产水平，家庭常住人口越多，相对来说接受培训的成员越多，获取技能培训后家庭生产能力提高得就越快，家庭经济的改善就越明显。

（四）职业

职业是影响农户选择技能补偿模式的第四因素。在对调查区农户的数据整理中对其职业划分为无职业、种植业、煤矿职工、机械维修、运输个体、创业人员、建筑行业、临时工、其他等12类。对选择技能补偿模式的农户职业进行分析，呈现出两种明显的特征：一是无职业的农户因希望技术培训获取工作机会因此偏好于技能补偿，例如无职业的有20%的农户选择了技能补偿；二是从事的职业对技术水平要求较高农户对技能补偿的需求同样较高，例如从事机械维修的农户有20%选择了技能补偿，建筑行业和运输个体的比例也分别达到了16.7%、14.3%。

二、技能补偿模式

矿区技能补偿模式是指为矿产资源开采区农户提供教育或劳动技能培训，缓解农户生计困境，从而使农户自身发展权益得到保障的模式。

随着煤炭资源的大量开采，矿区水土环境日渐污损化，使该区域生态与社会经济发展矛盾凸显,农户生产生活和后续发展陷入困境。矿区土地资源是农户的基本保障,也是农户发展的退路所在,担负着生产生活与生态的多重价值。由于矿区生态环境的破坏,导致农户失去基本社会保障资源,生产生活成本增加,农户生计转型面临困境。即使通过国家政策享受搬迁或者补贴,但由于无一技之长,很难在新的区域立足发展,因此,对于具有劳动能力和发展意愿的农户,"授之以鱼,不如授之以渔"。

矿区技能补偿模式,就是针对该部分农户进行相关的劳动技能培训和教育学习,使其掌握除了传统农业生产之外的劳动技能,根据农户意愿和劳动力素质,有针对性地进行技能培训,提升其就业竞争力和择业范围,从而保障农户生计的稳定性和收入的持续性。即使迁入新的社区或者城镇,由于有持续发展的劳动技能,不至于发生二次移民现象,真正实现"搬得出,稳得住,逐步能致富"的目标。同时,农户自身发展能力的提升,对于增强农户抵御风险和社会适应性,有着重要的现实意义。农户由矿区迁往城镇发展,生产方式和生活习惯发生变化,社会文化的差异性,必然会引发空间冲突。只有通过提升农户的劳动力素质和技能,才能有效地缓解社会经济矛盾。

在对农户选择技能补偿模式的影响因素分析中,发现农户外出务工地点对其影响显著,农户外出务工的地点离家乡越远,经济越发达,对技能补偿模式的选择就越偏好,说明技能补偿模式对具有劳动能力的家庭后续发展有着重要的意义。因此,要针对矿区农户的文化素质、劳动力数量等特点,制定相应的劳动技能培训计划,为其提供就业信息渠道,自主择业创业激励体制机制,从而提升农户自身发展能力和水平。

第五节　矿区机会补偿模式

一、对农户选择机会补偿模式的影响因素分析

本次调研中仅有4.7%的农户选择了机会补偿模式,家庭劳动力数量是其最显著的影响因素。机会补偿模式可以为农户提供就业机会,为家中子女

较多的农户提供教育基金或更好的受教育机会。在调查的 192 户家庭中有 61.5%的农户家中有至少两位劳动力，如果政府或煤矿企业为其提供工作机会，就意味着该户家庭可以获得长期稳定的经济来源，而神木市由政府主导的治理环境工程催生了一系列的生态产业或者在煤矿开发过程中衍生的一些服务行业，都可为当地的农户提供大量的就业岗位。比起一次性现金补偿，该类补偿对以务工收入为主要经济来源的农户来说更具有吸引力。

二、机会补偿模式

矿区机会补偿模式是指为矿产资源开采区农户提供就业、教育等机会，以期提升自我发展能力，促进农户全面发展的模式。

随着矿产资源开采区资源型产业的发展和生态环境的恢复，该区域势必会产生一些政府的公益性岗位和企业的就业岗位，为部分农户提供相应的就业岗位，对于缓解农村剩余劳动力和提升农户经济收入水平有着重要的现实意义。由于农村劳动力普遍存在文化素质偏低的现状，且部分劳动力年纪偏大，进行劳动力素质提升和劳动技能培训的可能性较小，因此，该部分农户，可以通过政府提供的公益性岗位，如清洁、绿化、护林、公共设施养护等就业岗位，以及资源型产业的相关服务业实现就业。除此之外，机会补偿模式可以根据当地农户发展的限制条件，为其提供相应的发展机会，实现公共资源的高效配置和均等化服务，如为矿区农户子女提供平等的受教育机会，看病就医机会，享受健康养老机会等，促进农户的全面发展。

通过对陕西神木市生态补偿模式进行探讨发现：该地农户更偏好于稳定的政策补偿模式和更高额度的现金补偿模式，其中 47.9%的农户选择政策补偿，35.9%的农户希望提供现金补偿，11.5%的农户选择技术（智力）补偿，另有 4.7%的受访农户希望得到机会补偿。此外，本书仅探讨了几种较常见的生态补偿模式，由于我国的生态补偿模式还在摸索阶段，分类标准不同，生态补偿模式也不同，各种模式尚不完善且各有优势与局限。

影响农户选择政策补偿模式的因素包括家庭常住人口数量、技能和人口规模，其中最为显著的影响因素是技能。无技能和从事职业对技能要求较高农户都倾向于此类模式。有 47. 9%的农户选择了政策补偿。由此可见政策补偿是有其优越性的。据调查,农户因为失去了赖以生存的土地,再加上环境污染、生态破坏,迫切需要政府提供养老、安居等保障性福利政策来维系其生存。然而,政府所提供政策补偿中针对治理环境的优惠政策多,涉及居民生活、生产保障的政策较少。因此,煤炭资源富集区的政策补偿模式还需在居民教育、就业、养老等方面完善、细化。

影响农户选择现金补偿模式的因素包括居住位置、距县城中心的远近和技能。位于煤炭相对匮乏的农户对于现金补偿方式的偏好要高于煤炭资源丰富的农户,距县城中心距离越远、技能水平越低,对于现金补偿模式就越偏好。神木市目前实施现金补偿模式大多是直接向农户补贴现金,且补偿资金额度相当巨大。在调查中仅有 6. 8%的受访农户认为现金可以提高他们的收入,有 29. 2%的受访农户对当前的补偿额度不满意,觉得现金补偿的太少不足以弥补煤炭开发所带来的损失。同时,农户获得大量的现金补偿后可能会引发一些问题,例如,神木市民间借贷活动的兴起。据调查,仅在受访的 192 户农户家庭中就有 20. 8%的参与过民间借贷活动,其中有 70%的投入资金超过 10 万元,有 39%的农户遭受过不同程度的亏损。此外,攀比风盛起,农户争相用补偿款购买豪车、楼房,婚丧嫁娶时礼金大幅上涨,一定程度上造成了浪费。

影响农户选择技术补偿模式的因素包括家庭常住人口数量、外出务工地点、交通便利度以及职业,最为显著的影响因素是外出务工地点。农户外出务工的地点离家乡越远,经济越发达,对技术补偿模式的选择就越偏好。但调查中发现已有的技术(智力)补偿中,培训方式单一,针对性不强,技术人员流动性大,技术补偿流于形式化。

影响农户选择机会补偿模式最为显著的因素是劳动力数量。劳动力数量较多的家庭对机会补偿的偏好较大。相对于现金方式,技术(智力)补偿和机会补偿都是属于有"造血式"的能力补偿方式,但是仅有 4. 7%的农户选择机会补偿,一方面是由于机会补偿相较于其他补偿见效较慢;另一方面是农户希望得到机会补偿,但是企业和政府所提供的岗位有限,且提供的岗位对技术和能力有着较高的要求,迫使农户选择其他的补偿方式。

参考文献

一、学术著作

[美]保罗·萨缪尔森、[美]威廉·诺德豪斯:《经济学》,萧琛等译,华夏出版社1999年版。

[美]查尔斯·D.科尔斯塔德:《环境经济学》,傅晋华等译,中国人民大学出版社2011年版。

高鸿业:《西方经济学》,中国人民大学出版社1996年版。

郭伟和:《福利经济学》,经济管理出版社2001年版。

刘天齐:《环境经济学》,中国环境科学出版社2003年版。

中国生态补偿机制与政策研究课题组编著:《中国生态补偿机制与政策研究》,科学出版社2007年版。

二、期刊论文

蔡绍洪、李仁发、向秋兰:《矿产资源开发中的生态补偿博弈分析》,《中国矿业》2008年第3期。

文琦:《能源富集贫困区农村转型发展态势与优化战略——以榆林市为例》,陕西师范大学博士学位论文,2009年。

文琦、焦旭娇、李佳:《能源富集区内部经济发展时空演进格局特征——以陕西省榆林市为例》,《资源科学》2014年第7期。

张思锋、张艳、唐敏:《煤炭开采区生态损害补偿评估模型的构建与应用》,《环境科学研究》2012年第1期。

张伟、张宏业、张义丰:《基于"地理要素禀赋当量"的社会生态补偿标准测算》,《地理学报》2010 年第 10 期。

赵康杰:《资源型地区农村可持续发展的制度创新研究》,山西财经大学博士学位论文,2012 年。

卞莹莹、宋乃平:《农牧交错带不同生计方式农户对生态环境的感知和适应——以宁夏盐池县皖记沟村为例》,《浙江大学学报》(农业与生命科学版)2014 年第 2 期。

蔡进:《新型农村社区建设与农户生计变化研究——以重庆市忠县天子村社区为例》,西南大学博士学位论文,2014 年。

蔡银莺、张安录:《基于农户受偿意愿的农田生态补偿额度测算——以武汉市的调查为实证》,《自然资源学报》2011 年第 2 期。

蔡志海:《汶川地震灾区贫困村农户生计资本分析》,《中国农村经济》2010 年第 12 期。

陈秧分、刘彦随、杨忍:《基于生计转型的中国农村居民点用地整治适宜区域》,《地理学报》2012 年第 3 期。

陈卓、续竞秦、吴伟光:《集体林区不同类型农户生计资本差异及生计满意度分析》,《林业经济》2014 年第 8 期。

程倩、张霞:《矿产资源开发的生态补偿及各方利益博弈研究》,《矿业研究与开发》2014 年第 3 期。

储博程:《水源保护政策对农户生计影响及农业发展模式研究》,云南大学博士学位论文,2010 年。

戴其文、赵雪雁:《生态补偿机制中若干关键科学问题——以甘南藏族自治州草地生态系统为例》,《地理学报》2010 年第 4 期。

道日娜:《农牧交错区域农户生计资本与生计策略关系研究——以内蒙古东部四个旗为例》,《中国人口·资源与环境》2014 年第 S2 期。

范明明、李文军:《生态补偿理论研究进展及争论——基于生态与社会关系的思考》,《中国人口·资源与环境》2017 年第 3 期。

樊胜岳、周立华、马永欢:《宁夏盐池县生态保护政策对农户的影响》,《中国人口·资源与环境》2005 年第 3 期。

费智慧、王成、李丹等:《基于加权 Voronoi 图与农户愿景的农户搬迁去向研究——以整村推进示范村重庆市合川区大柱村为例》,《中国土地科学》2013 年第 8 期。

傅利平、赵伟:《后顾生计来源视角下的农户类型分化研究——以 400 户农户为例》,《山东社会科学》2014 年第 7 期。

高新才:《甘肃矿产资源开发生态补偿研究》,《城市发展研究》2011 年第 5 期。

高彤:《矿产资源开发的生态补偿机制探讨——以庆阳地区石油开发为例》,《环境保护》2007 年第 7 期。

谷雨、王青:《新时期不同类型农户生计脆弱性研究——以重庆市合川区为例》,《湖北农业科学》2013 年第 7 期。

郝文渊、杨东升、张杰等:《农牧民可持续生计资本与生计策略关系研究——以西藏林芝地区为例》,《干旱区资源与环境》2014 年第 10 期。

何仁伟、刘邵权、陈国阶等:《中国农户可持续生计研究进展及趋向》,《地理科学进展》2013 年第 4 期。

何仁伟:《山区聚落农户可持续生计发展水平及空间差异分析——以四川省凉山州为例》,《中国科学院大学学报》2014 年第 2 期。

黄建伟:《失地农民可持续生计问题研究综述》,《中国土地科学》2011 年第 6 期。

花晓波、阎建忠、周春江等:《丘陵山区农户生计策略对农地边际化的解释——以重庆市酉阳县为例》,《北京大学学报》(自然科学版)2013 年第 6 期。

江进德、赵雪雁、张丽等:《农户对替代生计的选择及其影响因素分析——以甘南黄河水源补给区为例》,《自然资源学报》2012 年第 4 期。

蒋依依:《旅游地道路生态持续性评价——以云南省玉龙县为例》,《生态学报》2011 年第 21 期。

靳小怡、李成华、杜海峰等:《可持续生计分析框架应用的新领域:农民工生计研究》,《当代经济科学》2011 年第 3 期。

孔凡斌:《江河源头水源涵养生态功能区生态补偿机制研究——以江西东江源区为例》,《经济地理》2010 年第 2 期。

赖力、黄贤金、刘伟良:《生态补偿理论、方法研究进展》,《生态学报》2008 年第 6 期。

李翠珍、徐建春、孔祥斌:《大都市郊区农户生计多样化及对土地利用的影响——以北京市大兴区为例》,《地理研究》2012 年第 6 期。

李超显:《国外流域生态补偿实践:比较、特点和启示》,《资源节约与环保》2018 年第 10 期。

黎洁、李亚莉、邰秀军等:《可持续生计分析框架下西部贫困退耕山区农户生计状况分析》,《中国农村观察》2009 年第 5 期。

李惠梅、张安录:《基于福祉视角的生态补偿研究》,《生态学报》2013 年第 4 期。

李晓建、孔元:《煤矿区生态补偿机制研究》,《中国矿业》2009 年第 7 期。

李晓光、苗鸿、郑华等:《生态补偿标准确定的主要方法及其应用》,《生态学报》2009 年第 8 期。

李鑫、杨新军、陈佳等:《基于农户生计的乡村能源消费模式研究——以陕南金丝峡乡村旅游地为例》,《自然资源学报》2015 年第 3 期。

李赞红、阎建忠、花晓波等:《不同类型农户撂荒及其影响因素研究——以重庆市 12 个典型村为例》,《地理研究》2014 年第 4 期。

李庄园、宋风轩:《转型期我国被征地农民的可持续生计问题探讨》,《山东纺织经济》2011 年第 4 期。

李文华、李芬、李世东等:《森林生态效益补偿的研究现状与展望》,《自然资源学报》2006 年第 5 期。

李文华、刘某承:《关于中国生态补偿机制建设的几点思考》,《资源科学》2010 年第 5 期。

李文辉:《陕北黄土丘陵区退耕还林中政府职能与农户利益协调机制研究》,《西安财经学院学报》2014 年第 2 期。

梁流涛、许立民:《生计资本与农户的土地利用效率》,《中国人口·资源与环境》2013 年第 3 期。

刘进、甘淑、闫海青:《基于 GIS 和 ANN 的农户生计脆弱性的空间模拟分析》,《山地学报》2012 年第 5 期。

刘金勇、孔繁花、尹海伟等:《济南市土地利用变化及其对生态系统服务价值的影响》,《应用生态学报》2013 年第 5 期。

刘平养:《发达国家和发展中国家生态补偿机制比较分析》,《干旱区资源与环境》2010 年第 9 期。

刘上舰:《流域生态补偿机制研究》,南昌大学博士学位论文,2017 年。

刘相军、杨桂华:《传统文化视角下的社区参与旅游收益分配制度变迁机理研究——以梅里雪山雨崩藏族村为例》,《旅游论坛》2009 年第 3 期。

刘兴元、龙瑞军:《藏北高寒草地生态补偿机制与方案》,《生态学报》2013 年第 11 期。

刘兴元、尚占环、龙瑞军:《草地生态补偿机制与补偿方案探讨》,《草地学报》2010 年第 18 期。

吕雁琴、慕君辉、李旭东:《新疆煤炭资源开发生态补偿博弈分析及建议》,《干旱区资源与环境》2013 年第 8 期。

鲁迪、于长立:《煤矿塌陷区土地复垦与生态补偿优化设计》,《生态经济》2008 年第 8 期。

陆继霞、Anna Lora-Wainwright:《铅锌矿开发对矿区农户可持续生计的影响》,《贵州社会科学》2014 年第 8 期。

马彩华、游奎、戴桂林:《海洋环境承载力与生态补偿关系研究》,《农业环境与发展》2011 年第 4 期。

马莉莎、苏飞、潘云新:《农民工可持续生计研究进展》,《经济研究导刊》2012 年第 28 期。

马世铭、刘绿柳、马姗姗:《气候变化与生计和贫困研究的认知》,《气候变化研究进展》2014 年第 4 期。

马晓倩:《干旱扰动下黄土高原典型村落农户生计可持续性分析》,西北大学博士学位论文,2014 年。

毛锋、曾香:《生态补偿的机理与准则》,《生态学报》2006 年第 11 期。

毛显强、钟瑜、张胜:《生态补偿的理论探讨》,《中国人口 · 资源与环境》2002 年第 4 期。

蒙吉军、艾木入拉、刘洋等:《农牧户可持续生计资产与生计策略的关系研究——以鄂尔多斯市乌审旗为例》,《北京大学学报》(自然科学版)2013 年第 2 期。

[加]纳列什 · 辛格、[加]乔纳森 · 吉尔曼:《让生计可持续》,祝东力译,《国际社会科学杂志(中文版)》2000 年第 4 期。

欧阳志云、郑华、岳平:《建立我国生态补偿机制的思路与措施》,《生态学报》2013 年第 3 期。

乔旭宁、杨永菊、杨德刚:《生态服务功能价值空间转移评价——以渭干河流域为例》,《中国沙漠》2011 年第 4 期。

秦艳红、康慕谊:《国内外生态补偿现状及其完善措施》,《自然资源学报》2007 年第 4 期。

任幼娴:《采矿业的发展对农户生计的影响研究——以湘西铅锌矿开发为例》,《北京农业》2014 年第 9 期。

苏冰涛、李松柏:《可持续生计分析框架下秦巴山区“生态贫民”生计范式转变研究》,《农村经济》2014 年第 1 期。

苏芳、蒲欣冬、徐中民等:《生计资本与生计策略关系研究——以张掖市甘州区为例》,《中国人口 · 资源与环境》2009 年第 6 期。

苏芳、徐中民、尚海洋:《可持续生计分析研究综述》,《地球科学进展》2009 年第 1 期。

苏芳、尚海洋:《生态补偿方式对农户生计策略的影响》,《干旱区资源与环境》2013 年第 2 期。

苏芳、尚海洋:《农户生计资本对其风险应对策略的影响——以黑河流域张掖市为例》,《中国农村经济》2012 年第 8 期。

苏磊、付少平:《农户生计方式对农村生态的影响及其协调策略——以陕北黄土高原为个案》,《湖南农业大学学报》(社会科学版)2011 年第 3 期。

尚海洋、苏芳、徐中民等:《生态补偿的研究进展及其启示》,《冰川冻土》2011 年第 6 期。

谢旭轩、张世秋、朱山涛:《退耕还林对农户可持续生计的影响》,《北京大学学报》(自然科学版)2010 年第 3 期。

汤青、徐勇、李扬:《黄土高原农户可持续生计评估及未来生计策略——基于陕西延安市和宁夏固原市 1076 户农户调查》,《地理科学进展》2013 年第 2 期。

王晨、余庆年、施国庆:《城市道路沿线居民生计的风险与应对策略》,《城市问题》2014 年第 2 期。

王成、王利平、李晓庆等:《农户后顾生计来源及其居民点整合研究:基于重庆市西部郊区白林村 471 户农户调查》,《地理学报》2011 年第 8 期。

王成、蒋福霞:《农户后顾生计来源 Agent 决策模型构建及其情景识别——重庆市虎峰镇久远村实证》,《西南大学学报》(自然科学版)2014 年第 2 期。

王成超、杨玉盛:《农户生计非农化对耕地流转的影响——以福建省长汀县为例》,《地理科学》2011 年第 11 期。

王贵华、方秦华、张珞平:《流域生态补偿途径研究进展》,《浙江万里学院学报》2010 年第 2 期。

王利平、王成、李晓庆:《基于生计资产量化的农户分化研究——以重庆市沙坪坝区白林村 471 户农户为例》,《地理研究》2012 年第 5 期。

王立安、钟方雷、苏芳:《西部生态补偿与缓解贫困关系的研究框架》,《经济地理》2009 年第 9 期。

王女杰、刘建、吴大千等:《基于生态系统服务价值的区域生态补偿——以山东省为例》,《生态学报》2010 年第 23 期。

王诗琪:《沙患与水荒中的生存——民勤绿洲区农户生计状况研究》,兰州大学博士学位论文,2014 年。

王琦:《宏观社会经济变迁与农户生计策略——以大渡河上游典型村为例》,西南大学硕士学位论文,2012 年。

王瑞梅、何有缘、傅泽田:《淡水养殖池塘水质预警模型》,《吉林农业大学学报》2011 年第 1 期。

文琦:《中国矿产资源开发区生态补偿研究进展》,《生态学报》2014 年第 21 期。

吴伟:《公共物品有效提供的经济学分析》,西北大学博士学位论文,2004 年。

吴中全:《氧气区域生态补偿及其模型构建研究》,西南大学硕士学位论文,2009 年。

许汉石、乐章:《生计资本、生计风险与农户的生计策略》,《农业经济问题》2012 年第 10 期。

阎建忠、张镱锂、朱会义等:《大渡河上游不同地带居民对环境退化的响应》,《地理学报》2006 年第 2 期。

杨光梅、闵庆文、李文华等:《我国生态补偿研究中的科学问题》,《生态学报》2007 年第 10 期。

袁伟彦、周小柯:《生态补偿问题国外研究进展综述》,《中国人口 · 资源与环境》2014 年第 11 期。

阎建忠、吴莹莹、张镱锂等:《青藏高原东部样带农牧民生计的多样化》,《地理学报》2009 年第 2 期。

尤艳馨:《我国国家生态补偿体系研究》,河北工业大学博士学位论文,2007 年。

于萨日娜、丁继、于娜布其:《农牧户生计风险及策略研究》,《生产力研究》2011 年第 4 期。

赵雪雁、董霞、范君君等:《甘南黄河水源补给区生态补偿方式的选择》,《冰川冻土》2010 年第 1 期。

张丽:《生态补偿对农户生计的影响》,西北师范大学硕士学位论文,2012 年。

张倩、曲世友:《矿产资源开发生态补偿博弈分析》,《中国矿业》2013 年第 8 期。

张志强、程莉、尚海洋等:《流域生态系统补偿机制研究进展》,《生态学报》2012 年第 20 期。

张建肖、安树伟:《国内外生态补偿研究综述》,《西安石油大学学报》(社会科学版)2009 年第 1 期。

张克云、罗江月、张纯刚等:《国际金融危机对农户生计影响的实证研究》,《中国农业大学学报》(社会科学版)2010 年第 4 期。

张树良、张志强、熊永兰:《矿产资源领域国际科技发展态势分析》,《资源科学》2010 年第 11 期。

张佰林、杨庆媛、苏康传等:《基于生计视角的异质性农户转户退耕决策研究》,《地理科学进展》2013 年第 2 期。

赵锋、吕伟伟:《山区农户对生计资本脆弱性的感知度:基于甘肃省 4 县区的调查》,《兰州商学院学报》2014 年第 3 期。

赵靖伟:《贫困地区农户生计安全研究》,《西北农林科技大学学报》(社会科学版)2014 年第 5 期。

赵立娟:《参与和未参与灌溉管理改革农户生计资本的对比分析——基于内蒙古灌区农户的调研》,《中国农业大学学报》2014 年第 1 期。

赵银军、魏开湄、丁爱中等:《流域生态补偿理论探讨》,《生态环境学报》2012 年第 5 期。

赵雪雁:《生计资本对农牧民生活满意度的影响:以甘南高原为例》,《地理研究》2011 年第 4 期。

赵雪雁、李巍、王学良:《生态补偿研究中的几个关键问题》,《中国人口·资源与环境》2012 年第 2 期。

赵雪雁、张丽、江进德等:《生态补偿对农户生计的影响——以甘南黄河水源补给区为例》,《地理研究》2013 年第 3 期。

赵雪雁、郭芳、张丽琼等:《甘南高原农户生计可持续性评价》,《西北师范大学学报》(自然科学版)2014 年第 1 期。

甄霖、刘雪林、李芬等:《脆弱生态区生态系统服务消费与生态补偿研究:进展与挑战》,《资源科学》2010 年第 5 期。

曾杰、李江风、姚小薇:《武汉城市圈生态系统服务价值时空变化特征》,《应用生态学报》2014 年第 3 期。

卓仁贵:《农户生计多样化与土地利用——以三峡库区典型村为例》,西南大学硕士学位论文,2010 年。

周婧、杨庆媛、信桂新等:《贫困山区农户兼业行为及其居民点用地形态——基于重庆市云阳县 568 户农户调查》,《地理研究》2010 年第 10 期。

周洁、姚萍、黄贤金等:《基于模糊物元模型的南京市失地农民可持续生计评价》,《中国土地科学》2013 年第 11 期。

朱英:《阜康市煤炭资源开发生态补偿机制研究》,新疆农业大学硕士学位论文,2013 年。

蔡进、禹洋春、朱莉芬等:《新型农村社区建设对农户生计变化影响研究——以三峡库区重庆市忠县天子村社区为例》,《地域研究与开发》2015 年第 4 期。

李颖超:《陕北能源化工基地煤炭资源开发生态补偿机制研究》,《知识经济》2012 年第 20 期。

朱英、王承武、徐凤娟:《阜康市煤炭资源开采对生态环境影响及对策分析》,《农村经济与科技》2013 年第 3 期。

陈卓、续竞秦、吴伟光:《集体林区不同类型农户生计资本差异及生计满意度分析》,《林业经济》2014 年第 8 期。

唐轲:《可持续生计框架下退耕还林对农户生计影响研究》,西北农林科技大学硕士学位论文,2013 年。

王小鹏、赵成章、高福元等:《退牧还草政策下农牧民家庭收入影响因素的分位回归分析——基于双海子、北极、鹰嘴山、河源四村的调查研究》,《中国草地学报》2011 年第 2 期。

焦旭娇、文琦:《煤炭资源富集区农户收入差异及影响因素——以陕西省神木市为例》,《地域研究与开发》2014 年第 6 期。

李小建、高更和、乔家君:《农户收入的农区发展环境影响分析——基于河南省 1251 家农户的调查》,《地理研究》2008 年第 5 期。

张先起、梁川:《基于熵权的模糊物元模型在水质综合评价中的应用》,《水利学报》2005 年第 9 期。

苏芳、徐中民、尚海洋:《可持续生计分析研究综述》,《地球科学进展》2009 年第 1 期。

王立安、刘升、钟方雷:《生态补偿对贫困农户生计能力影响的定量分析》,《农村经济》2012 年第 11 期。

赵雪雁、李巍、杨培涛等:《生计资本对甘南高原农牧民生计活动的影响》,《中国人口 · 资源与环境》2011 年第 4 期。

李聪、柳玮、冯伟林等:《移民搬迁对农户生计策略的影响——基于陕南安康地区的调查》,《中国农村观察》2013 年第 6 期。

伍艳:《农户生计资本与生计策略的选择》,《华南农业大学学报》(社会科学版)2015 年第 2 期。

伍艳:《贫困山区农户生计资本对生计策略的影响研究——基于四川省平武县和南江县的调查数据》,《农业经济问题》2016 年第 3 期。

尚海洋、苏芳:《生态补偿方式对农户生计资本的影响分析》,《冰川冻土》2012 年第 4 期。

巩芳、胡艺:《矿产资源开发生态补偿主体之间的博弈分析》,《矿业研究与开发》2015 年第 3 期。

李冰、胡盾:《矿产资源开发的生态补偿法律问题探析》,《晋中学院学报》2008 年第 4 期。

刘雨林:《关于西藏主体功能区建设中的生态补偿制度的博弈分析》,《干旱区资源与环境》2008 年第 1 期。

牛国元、易静华、刘艳华:《资源枯竭型城市石嘴山市产业发展方向选择》,《矿业研究与开发》2009 年第 1 期。

苏春安:《环境保护中政府和公众的博弈》,《内蒙古环境科学》2008 年第 2 期。

熊鹰:《政府环境管制、公众参与对企业污染行为的影响分析》,南京农业大学博士学位论文,2007 年。

蔡银莺、张安录:《消费者需求意愿视角下的农田生态补偿标准测算——以武汉市城镇居民调查为例》,《农业技术经济》2011 年第 6 期。

董泽琼:《煤炭资源开发生态补偿机制研究》,太原理工大学硕士学位论文,2012 年。

戴君虎、王焕炯、王红丽等:《生态系统服务价值评估理论框架与生态补偿实践》,《地理科学进展》2012 年第 7 期。

段靖、严岩、王丹寅等:《流域生态补偿标准中成本核算的原理分析与方法改进》,《生态学报》2010 年第 1 期。

韩鹏、黄河清、甄霖等:《基于农户意愿的脆弱生态区生态补偿模式研究——以鄱阳湖区为例》,《自然资源学报》2012 年第 4 期。

江秀娟:《生态补偿类型与方式研究》,中国海洋大学硕士学位论文,2010 年。

纪传通:《石头河水源地生态补偿机制与实证研究》,西安理工大学硕士学位论文,2018 年。

刘春腊、刘卫东、陆大道:《1987—2012 年中国生态补偿研究进展及趋势》,《地理科学进展》2013 年第 12 期。

刘子刚、刘喆、卫文斐:《湿地生态补偿概念和基本理论问题探讨》,《生态经济》2016 年第 2 期。

马丹、高丹:《矿产资源开发中的生态补偿机制研究》,《现代农业科学》2009 年第 2 期。

牛建平:《西北生态脆弱区矿产资源生态补偿机制研究》,兰州理工大学硕士学位论文,2014 年。

乔旭宁、杨永菊、杨德刚:《流域生态补偿研究现状及关键问题剖析》,《地理科学进展》2012 年第 4 期。

隋春花、赵丽:《广东生态发展区生态补偿机制建设探讨》,《经济地理》2010 年第 7 期。

孙新章:《生态补偿的理论与案例研究》,中国科学院地理科学与资源研究所博士学位论文,2007 年。

王学恭、白洁:《西北牧区草地生态建设补偿依据与标准研究——以退牧还草工程为例》,《水土保持研究》2009 年第 3 期。

徐大伟、常亮、侯铁珊等:《基于 WTP 和 WTA 的流域生态补偿标准测算——以辽河为例》,《资源科学》2012 年第 7 期。

俞海、任勇:《流域生态补偿机制的关键问题分析——以南水北调中线水源涵养区为例》,《资源科学》2007 年第 2 期。

禹雪中、冯时:《中国流域生态补偿标准核算方法分析》,《中国人口 · 资源与环境》2011 年第 9 期。

朱九龙、陶晓燕:《矿产资源开发区生态补偿理论研究综述》,《资源与产业》2016 年第 2 期。

仲俊涛、米文宝:《基于生态系统服务价值的宁夏区域生态补偿研究》,《干旱区资源与环境》2013 年第 10 期。

张艳梅、华建龙:《榆林市生态环境治理中存在的问题与对策研究》,《北京农业》2011 年第 36 期。

张宏:《关于建立矿区生态环境恢复补偿机制的思考》,《中国煤炭》2008 年第 3 期。

三、外文文献

Dfid, *Sustainable Livelihoods Guidance Sheets*, London: Department for International Development, 2000.

Ellis F., *Rural Livelihoods and Diversity in Developing Countries*, Oxford: Oxford University Press, 2000.

Scoones L., *Sustainable Rural Livelihoods: A Framework for Analysis*, Brighton: Institue of Development Studies, 1998.

Bai Y.L., Wang R.S., Jin J.S., "Water Eco-service Assessment and Compensation in a Coal Mining Region-a Case Study in the Mentougou District in Beijing", *Ecological Complexity*, 2011(2).

Barrow C.J., Hicham H., "Two Complimentary and Integrated Land Uses of the Western High Atlas Mountains, Morocco: The Potential for Sustainable Rural Livelihoods", *Applied Geography*, 2000(4).

Bebbington A., "A Capital and Capabilities: A Framework for Analyzing Peasant Viability, Rural Livelihoods and Poverty", *World Development*, 1999(22).

Bhandari P.B., "Rural Livelihood Change Household Capital, Community Resources and Livelihood Transition", *Journal of Rural Studies*, 2013(32).

B.Kelsey J., Carolyn K., Sims K.R.E., "Designing Payments for Ecosystem Services: Lessons from Previous Experience with Incentive-based Mechanisms", *Proceedings of the National Academy of Sciences of the United States of America*, 2008(28).

Block S., Webb P., "The Dynamics of Livelihood Diversification in Post-famine Ethiopia", *Food Policy*, 2001(2).

Chambers R., "Vulnerability, Coping and Policy (Edi Orial Introduction)", *IDS Bulletin*, 1989(2).

Chambers R., Conway G. R., "Sustainable Rural Livelihoods: Practical Concepts for the 21st Century", *Institute of Development Studies*, 1991(296).

Chen X.D., Lupi F., HE G.M., et al., "Linking Social Norms to Efficient Conservation Investment in Payments for Ecosystem Services", *Proceedings of the National Academy of Sciences of the United States of America*, 2009(28).

Chen X.D., Lupi F., An L, et al., "Agentbased Modeling of the Effects of Social Norms on Enrollment in Payments for Ecosystem Services", *Ecological Modelling*, 2012(229).

Coope J.C., Osborn C., "The Effect of Rental Rates on the Extension of Conservation Reserve Program Contracts", *American Journal of Agricultural Economics*, 1998(1).

Costanza R., Daly H., "Natural Capital and Sustainable Development", *Conservation Biology*, 1992(1).

Cuperas J.B., "Assessing Wildlife and Environmental Values in Cost Benefit

Analysis: State of Art", *Journal of Environmental Management*, 1996(2).

Dai G.S., Ulgiati S., Zhang Y.S., et al., "The False Promises of Coal Exploitation: How Mining Affects Herdsmen Well-being in the Grassland Ecosystems of Inner Mongolia", *Energy Policy*, 2014(67).

Davis B., Paul W., Thomas R., et al., "Rural Nonfarm Employment and Farming: Household-level Linkages", *Agricultural Economics*, 2009(2).

Dobbs T. L., Pretty J., "Case Study of Agri-environmental Payments: The United Kingdom", *Ecological Economics*, 2008(4).

Dong S.D., Burritt R., Qian W., "Salient Stakeholders in Corporate Social Responsibility Reporting by Chinese Mining and Minerals Companies", *Journal of Cleaner Production*, 2014(84).

Dong X.B., Yu B.H., Brown M.T., et al., "Environmental and Economic Consequences of the Overexploitation of Natural Capital and Ecosystem Services in Xilinguole League, China", *Energy Policy*, 2014(67).

Drechsler K., Johst D., "Economics of Natural Resources and the Environment", *Harvester Wheat Sheaf*, 1990(12).

Ellis F., "Household Strategies and Rural Livelihood Diversification", *Journal of Development Studies*, 1998(1).

Engel S., Pagiola S., Wunder S., "Designing Payments for Environmental Services in Theory and Practice: An Overview of the Issues", *Ecological Economics*, 2008(4).

Erik G.B., Grrot R., Lomas P.L., et al., "The History of Ecosystem Services in Economic Theory and Practice: From Early Notions to Markets and Payment Schemes", *Ecological Economics*, 2010(6).

Frankenberger D.T., Maxwell M., "Operationalising Household Livelihood Security: A Holistic Approach for Addressing Poverty and Vulnerability", *CARE*, 2000(4).

Gilman J., "Sustainable Livelihoods", *International Social Science Journal*,

2000(4).

Gretchen C.,Tore S.,Sara A.,et al.,"The Value of Nature and the Nature of Value",*Science*,2000(5478).

Hecken G. V., Bastiaensen J., "Payments for Ecosystem Services in Nicaragua:Do Market-based Approaches Work",*Development and Change*,2010(3).

Kinzig A.P.,Perrings C.,Chapin III F.S.,et al.,"Paying for Ecosystem Services-Promise and Peril",*Science*,2011(6056).

Lei Y.L.,Cui N.,Pan D.Y.,"Economic and Social Effects Analysis of Mineral Development in China and Policy Implications",*Resources Policy*,2013(4).

Levin S. A., "Learning to Live in a Global Commons: Socioeconomic Challenges for a Sustainable Environment",*Ecological Research*,2006(3).

Li Y.F.,Liu Y.H.,Du Z.P.,et al.,"Effect of Coal Resources Development and Compensation for Damage to Cultivated Land in Mining Areas",*Mining Science and Technology*,2009(5).

Liu J.G.,Li S.X.,Ouyang Z.Y.,et al.,"Ecological and Socioeconomic Effects of China's Policies for Ecosystem Services",*Proceedings of the National Academy of Sciences of the United States of America*,2008(28).

Liu Y.B.,Zhuang X.W.,"Economic Evaluation and Compensation Mechanism of Coal Resource-based Cities in China",*Energy Procedia*,2011(5).

Loomis J.B.,"Assessing Wildlife and Environmental Values in Cost Benefit Analysis:State of Art",*Journal of Environmental Management*,1987(2).

Ouyang Z.Y.,Wang X.K.,Miao H.,"A Primary Study on Chinese Terrestrial Ecosystem Services and Their Ecological-economic Values", *Acta Ecologica Sinica*,1999(5).

Pegg S., "Mining and Poverty Reduction: Transforming Rhetoric into Reality",*Journal of Cleaner Production*,2006(3/4).

Robert C.,"The Value of the World's Ecosystem Services and Natural Capital", *Nature*, 1997(6630).

Prebisch R., "The Economic Development of Latin America and its Principal Problems", *Economic Affairs*, 1950(1).

Schomers S., Matzdorf B., "Payments for Ecosystem Services: Areview and Comparison of Developing and Industrialized Countries", *Ecosystem Services*, 2013(6).

Sen A.K.Poverty, "An Ordinal Approach to Measurement of Poverty", *Econometrica*, 1976(44).

Shi Y., Zhou C.B., Wang R.S., et al., "Measuring China's Regional Ecological Development Through 'ECODP'", *Ecological Indicators*, 2012(1).

Singh P.K., Hiremath B.N., "Sustainable Livelihood Security Index in a Developing Country: A Tool for Development Planning", *Ecological Indicators*, 2010(2).

Singh N., Oilman J., "Making Livelihoods More Sustainable", *International Social Science Journal*, 2003(162).

Tanle A., "Assessing Livelihood Status of Migrants from Northern Ghana Resident in the Obuasi Municipality", *Geo Journal*, 2014(79).

Tiainen H., Sairinen R., Novikov V., "Mining in the Chatkal Valley in Kyrgyzstan-challenge of Social Sustainability", *Resources Policy*, 2014(39).

Vincent J.R., "Spatial Dynamics, Social Norms, and the Opportunity of the Commons", *Ecological Research*, 2007(1).

Wang R.S., Li F., Han B.L., et al., "Urban Ecocomplex and Ecospace Management", *Acta Ecologica Sinica*, 2014(1).

Wick K., Bulte E., "The Curse of Natural Resources", *Annual Review of Resource Economics*, 2009(1).

Yang W., Liu W., Via A., et al., "Performance and Prospects of Payments for Ecosystem Services Programs: Evidence from China", *Journal of Environmental Management*, 2013(127).

Yin R.S., Liu T.J., Yao S.B., et al., "Designing and Implementing Payments for Ecosystem Services Programs: Lessons Learned from China's Cropland Restoration Experience", *Forest Policy and Economics*, 2013(35).

Zhang J.J., Fu M.C., Tao J., et al., "Response of Ecological Storage and Conservation to Land Use Transformation: A Case Study of a Mining Town in China", *Ecological Modelling*, 2010(10).

Zhang B., Li W.H., Xie G.D., "Ecosystem Services Research in China: Progress and Perspective", *Ecological Economics*, 2010(7).

Zhao X.Y., "Review of the Ecological Compensation Efficiency", *Acta Ecologica Sinica*, 2012(6).

Zhen L., Liu X.L., Wei Y.J., et al., "Consumption of Ecosystem Services: A Conceptual Framework and Case Study in Jinghe Watershed", *Journal of Resources and Ecology*, 2011(4).

责任编辑:张双子
封面设计:周方亚
责任校对:刘　青

图书在版编目(CIP)数据

能源开发区生态补偿研究:以榆林市为例/文琦,马彩虹,丁金梅 著. —北京:人民出版社,2020.6
ISBN 978-7-01-021550-1

Ⅰ.①能…　Ⅱ.①文…②马…③丁…　Ⅲ.①能源开发-开发区-生态环境-补偿机制-研究-榆林　Ⅳ.①X24

中国版本图书馆 CIP 数据核字(2019)第 252327 号

能源开发区生态补偿研究
NENGYUAN KAIFAQU SHENGTAI BUCHANG YANJIU
——以榆林市为例

文　琦　马彩虹　丁金梅　著

人民出版社 出版发行
(100706　北京市东城区隆福寺街 99 号)

北京建宏印刷有限公司印刷　新华书店经销

2020 年 6 月第 1 版　2020 年 6 月北京第 1 次印刷
开本:710 毫米×1000 毫米 1/16　印张:13.75
字数:203 千字

ISBN 978-7-01-021550-1　定价:39.00 元

邮购地址 100706　北京市东城区隆福寺街 99 号
人民东方图书销售中心　电话 (010)65250042　65289539